Springer-Lehrbuch

T0216533

Andreas Klein

Visuelle Kryptographie

Mit 21 Abbildungen

 Springer

PD. Dr. Andreas Klein
Fachgruppe reine Mathematik
und Computer Algebra
Universität Gent
Krijgslaan 281-S22
9000 Ghent, Belgien
E-mail: klein@cage.UGent.be

Bibliografische Information der Deutschen Nationalbibliothek

Die Deutsche Nationalbibliothek verzeichnet diese Publikation in der Deutschen Nationalbibliografie; detaillierte bibliografische Daten sind im Internet über http://dnb.d-nb.de abrufbar.

Mathematics Subject Classification (2000): 94A60, 11T71, 05A99, 90C90

ISBN 978-3-540-72361-5 Springer Berlin Heidelberg New York

Springer ist ein Unternehmen von Springer Science+Business Media

springer.de

© Springer-Verlag Berlin Heidelberg 2007

Satz: Datenerstellung durch den Autor
Herstellung: LE-TeX Jelonek, Schmidt & Vöckler GbR, Leipzig
Umschlaggestaltung: WMXDesign GmbH, Heidelberg

Gedruckt auf säurefreiem Papier   175/3180/YL - 5 4 3 2 1 0

Meinen Eltern gewidmet

Vorwort

Seit der Erfindung der Schrift hat es auch immer das Bedürfnis gegeben, Geschriebenes vor unbefugten Lesern zu verbergen. Die Lehre von den Geheimschriften ist daher fast ebenso alt wie die Schrift selbst. Als Wissenschaft im modernen Sinn ist die Kryptographie jedoch noch sehr jung. Mit der Verbreitung der Computer und insbesondere durch das Internet entwickelte sich die Kryptographie von einer militärischen und geheimdienstlichen Tätigkeit zu einer zivilen Wissenschaft. Heute wird Kryptographie ganz selbstverständlich in unserem Alltag eingesetzt (Mobiltelefone, Home-Banking, etc.).

Kryptographie ist also ein Thema, das uns alle etwas angeht. Allerdings wirken die oft komplizierten Verfahren abschreckend und viele Dinge sind ohne mathematische Kenntnisse, die mindestens ein Grundstudium voraussetzen, nicht zu verstehen.

An dieser Stelle kommt die visuelle Kryptographie ins Spiel. Bei diesem 1994 von Naor und Shamir erfundenen Verfahren wird ein Bild so auf zwei Folien verteilt, dass auf jeder einzelnen Folie nur ein zufälliges Punktmuster zu sehen ist, aber beide Folien übereinandergelegt das geheime Bild ergeben. Das Verfahren ist dabei so einfach, das man es jedem innerhalb weniger Minuten erklären kann. Mittlerweile gibt es in der Fachliteratur über 40 Arbeiten, die sich mit visueller Kryptographie beschäftigen.

Dieses Buch möchte einen Einblick in dieses aktuelle und spannende Forschungsgebiet vermitteln. Bei der Präsentation der Ergebnisse wurde bewusst auf die sogenannte höhere Mathematik verzichtet. Es richtet sich an alle, die einmal einen Einblick in die Welt der Kryptographie nehmen wollen. Zu allen vorgestellten Algorithmen gibt es Programme auf der begleitenden Homepage http://cage.ugent.be/~klein/vis-crypt/buch/. Hier können Sie auch eine Sammlung von Beispielfolien ausdrucken.

Das Buch eignet sich jedoch auch als Grundlage für ein Proseminar oder zur Gestaltung einer Mathematik-AG. Einzelne Teile können auch getrennt zum Auflockern des Unterrichts oder für eine Vertretungsstunde verwendet werden.

Ausgesprochene Kenner der Kryptographie sollten keine großen Neuheiten erwarten, doch auch sie werden an der Darstellung ihre Freude haben und manchmal auch ihr Fachgebiet unter einem neuen Blickwinkel sehen können.

Die jeweils mit Musterlösungen versehenen Übungsaufgaben am Ende der Kapitel bieten dem Leser die Möglichkeit, sich vertiefend mit der Materie zu beschäftigen.

Gießen, März 2007   *Andreas Klein*

Inhaltsverzeichnis

1

Einleitung

Visuelle Kryptographie ist ein 1994 von NAOR und SHAMIR [26] erfundenes Verschlüsselungsverfahren, bei dem die Entschlüsselung ohne Computerhilfe vorgenommen werden kann. Um ein Gefühl dafür zu bekommen, worum es 1, 2 dabei geht, drucken Sie die Folien 1 und 2, die Sie auf der Homepage des Buches finden aus. Bei beiden Folien erkennt man nur eine einheitlich graue Fläche (Abbildung 1.1 a, b). Legt man aber beide Folien übereinander so ist deutlich ein Bild (Abbildung 1.1 c) zu sehen.

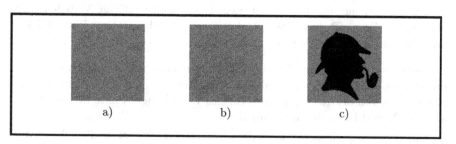

Abb. 1.1: Beispiel für visuelle Kryptographie

Die Erklärung für diesen Effekt ist überraschend einfach (siehe Konstruktion 1.1 auf der nächsten Seite).

Konstruktion 1.1 liefert uns ein einfaches aber sicheres Verschlüsselungssystem. Im Gegensatz zu „normalen" Verschlüsselungsverfahren brauchen wir keine komplizierten Berechnungen mit Computern durchführen und müssen auch keine höhere Mathematik wie endliche Körper, elliptische Kurven etc., beherrschen, um das Verfahren zu verstehen. Hier liegt einer der Hauptvorteile der visuellen Kryptographie: Die Verfahren sind leicht einsichtig und man kann große Teile der Kryptographie an ihnen erklären ohne die sonst notwendigen schwierigen Techniken.

Konstruktion 1.1

Jeder Bildpunkt des ursprünglichen Bildes wird auf den Folien durch eine Kombination von vier Teilpunkten dargestellt. Dabei wird eine der beiden folgenden Kombinationen benutzt.

Die Kombinationen auf der ersten Folie werden zufällig ausgesucht. Die zweite Folie wird nach den folgenden Regeln gebildet. Soll ein heller Bildpunkt codiert werden, so müssen die Kombinationen auf beiden Folien übereinstimmen. Also etwa:

 $\oplus$ $=$

Beim Übereinanderlegen der Folien entsteht eine Region, in der die Hälfte aller Teilpunkte weiß ist. Dies wird als grau wahrgenommen.

Bei einem dunklen Bildpunkt stimmen die Kombinationen nicht überein.

 $\oplus$ $=$

Legt man beide Folien übereinander so werden alle vier Teilpunkte abgedeckt, d.h. man sieht eine schwarze Fläche.

Jemand, der nur eine Folie kennt, sieht lediglich eine zufällige Verteilung von Mustern der Form ▞ bzw. ▞ , aus der er nicht auf das geheime Bild schließen kann. In Kapitel 2 werden wir dies auch formal nachweisen.

 Damit Sie die in diesem Buch besprochenen Verfahren bequem selbst ausprobieren können, habe ich für alle Verfahren Beispielprogramme erstellt. Sie können sich von der Homepage des Buches vorgefertigte Pakte für Windows, Mac OS X und Linux herunterladen.

Das Programm **vis-crypt** kann dazu benutzt werden, um ein Paar Folien für visuelle Kryptographie zu erzeugen.

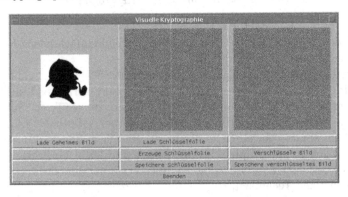

Laden Sie zunächst das geheime Bild. Danach können Sie die Schlüsselfolie erzeugen und das Bild verschlüsseln (die Reihenfolge ist wichtig). Alternativ können Sie statt eine neue Schlüsselfolie zu erzeugen, eine bereits erzeugte laden. Wir werden in Kapitel 3 davon Gebrauch machen.

Sind Sie mit den erzeugten Folien zufrieden, speichern Sie sie ab und bearbeiten sie mit einem Bildbearbeitungsprogramm Ihrer Wahl. (Auf der CD stehen mehrere gute Bildbearbeitungsprogramme zur Auswahl.)

Visuelle Kryptographie kann auch ganz praktische Anwendungen haben, allerdings nur in relativ extremen Fällen. Eine notwendige Voraussetzung für eine Anwendung von visueller Kryptographie ist, dass man die Sicherheit eines modernen Verschlüsselungsverfahren wünscht, aber aus irgendwelchen Gründen gerade keinen Computer zur Verfügung hat, der die Verschlüsselung berechnet. Denn falls man einen Computer zur Hand hat, ist es bequemer ein konventionelles Verschlüsselungsverfahren mit vielen Rechenoperationen zu benutzen. PDAs und Handys zählen in diesem Sinn ebenfalls zu Computern, da sie programmierbare Teile enthalten.

In ihrer ursprünglichen Arbeit schlagen Naor und Shamir ein verschlüsseltes Fax als Beispiel vor (für den Fall, dass wir ein Faxgerät, aber keinen Laptop mit E-Mail-Anschluss besitzen). Im Prinzip könnte man auch ein Fax-Gerät mit einem speziellen Verschlüsselungschip ausstatten. Dies erfordert aber Modifikationen an der Hardware und ist daher teuer und (für seltene Anwendung) weniger praktisch als visuelle Kryptographie.

Es gibt jedoch noch andere Anwendungen.

Man stelle sich die folgende Situation vor. Nach einigen Einkäufen mit der Geldkarte stellt man überrascht fest, dass mehrere Hundert Euro zu viel von der Karte abgebucht wurden. Eine genauere Überprüfung zeigt, dass der Zigarettenautomat um die Ecke statt jeweils 5€ immer 50€ für eine Schachtel verlangt haben muss. Dummerweise ist die Zahlung mit einer Geldkarte anonym und da der Automatenbetreiber schlau genug war den manipulierten Automaten auszutauschen, bevor der Betrug entdeckt wurde, kann der Betrug im Nachhinein nicht mehr nachgewiesen werden. Der Betrogene bleibt auf seinem Schaden sitzen. Obwohl ein solcher Betrug bisher noch nicht vorgekommen ist, wäre er durchaus möglich. (Einer der Hauptgründe für das bisherige Ausbleiben dieses Betrugs dürfte der relativ hohe Aufwand für den Betrug sein. Bisher haben die Betrüger immer noch leichtere Varianten gefunden.) Das Problem liegt darin, dass die Bezahlung mit einer Geldkarte am Automaten ähnlich ist, als würde man dem Verkäufer an einer Kasse seinen Geldbeutel geben, damit er sich den fälligen Betrag selbst nimmt ohne ihn dabei zu kontrollieren. Die Unsicherheit dieses Vorgehens ist augenfällig. Was kann man also tun, um das Bezahlsystem sicherer zu gestalten?

Eine mögliche Lösung wäre statt anonymer Geldkarten Kreditkarten zu verwenden, bei denen alle Transaktionen protokolliert werden. Die Möglichkeiten den Kunden zu betrügen wären bei diesem Vorgehen für unseriöse Automatenhersteller stark eingeschränkt. Allerdings ist aus Datenschutzgründen ein solches Vorgehen, das einen „gläsernen Kunden" schafft, nicht wünschenswert.

Eine andere Lösung setzt visuelle Kryptographie ein. Als Zubehör zur Kreditkarte erhalten wir eine etwa scheckkartengroße Folie, auf der eine zufällige Verteilung der beiden Muster ▨ bzw. ▨ abgedruckt ist. Die Verteilung der beiden Muster auf der Folie ist der Kreditkarte bekannt und muss vor dem Rest der Welt geheimgehalten werden. Wenn der Automat einen Betrag abbuchen möchte, schickt er diesen an die Kreditkarte. Diese berechnet gemäß Konstruktion 1.1 passend zu dem Muster der Folie ein Bild, das der Automat anzeigen soll.

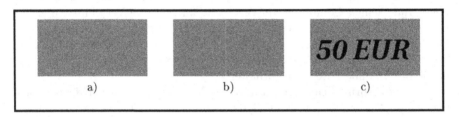

Abb. 1.2: Die Anzeige des Automaten

Zum Beispiel könnte die Folie das Muster aus Abbildung 1.2 a enthalten. Der Automat möchte 50€ abbuchen. Das von unserer Karte berechnete Muster sehen wir in Abbildung 1.2 b und in Abbildung 1.2 c sehen wir die Anzeige, nach dem wir unsere Folie auf das Display des Automaten gelegt haben. Sind wir mit dem angezeigten Betrag einverstanden, bestätigen wir die Transaktion indem wir unsere Kreditkarte tiefer in den Eingabeschlitz des Automaten schieben.

Da der Automat nur ein zufälliges Punktmuster anzeigen soll, weiß er nicht welches Bild wir durch unsere Folie sehen werden. Wir können uns daher darauf verlassen, dass wir genau das Bild sehen, das uns unsere Kreditkarte zeigen möchte. Wir sind also vor einem Betrug durch den Automaten perfekt geschützt. Oder etwa doch nicht? Es stimmt zwar, dass das Punktmuster, das der Automat anzeigen soll, alleine keine Information über das geheime Bild liefert (was wir in Kapitel 2 auch formal zeigen werden). Aber der Automat weiß ja bereits welche Anzeige zu erwarten ist, denn er hat selbst unserer Kreditkarte den Betrag, den sie verschlüsseln soll genannt. Würde die Kreditkarte immer die gleiche Schriftart und immer die gleiche Position im Bild für den Text benutzen, so könnte ein betrügerischer Automat das geheime Bild erraten und seine Anzeige gezielt abändern, um dem Benutzer ein falsches Bild als echt unterzuschieben (siehe Aufgabe 1.1). Um ein sicheres System zu erhalten, muss die Karte den Text auf unvorhersehbare Weise auf dem Bildschirm des Automaten positionieren. In Kapitel 3 werden wir genauer auf die Sicherheit dieses Verfahrens eingehen.

Zugegebenermaßen ist dies ein sehr hoher Aufwand, aber abgesehen von dem Einbau eines kleinen Displays in die Geldkarte ist dies die einzige Möglichkeit, wie man der Anzeige wirklich vertrauen kann. Vermutlich wird man also die bequeme Lösung wählen und das Display des Automaten ohne Sicherung benutzen. In der Regel geht dies gut, da die meisten Leute ehrlich sind. Die Betrugsfälle werden dann als Preis für die Bequemlichkeit verbucht.

Die Möglichkeiten, die in der visuellen Kryptographie liegen, sind mit den oben genannten Beispielen noch lange nicht erschöpft. Dieses Buch soll die verschiedenen Möglichkeiten der visuellen Kryptographie vorstellen. Der Schwerpunkt liegt dabei weniger auf den konkreten Anwendungen, sondern den allgemeinen Prinzipien.

Bevor wir jedoch visuelle Kryptographiesysteme genauer studieren können, müssen wir einige Grundlagen der Kryptographie lernen. Dies wird das Ziel dieses und des nächsten Kapitels sein.

1.1 Ziele der Kryptographie

Das Wort *Kryptographie* kommt aus dem Griechischen von $\kappa\rho\upsilon\pi\tau\sigma\sigma$ (geheim) und $\gamma\rho\alpha\varphi\epsilon\iota\nu$ (schreiben) und bezeichnet alle Methoden der Verschlüsselung. Dabei soll eine Nachricht so verändert werden, dass es für einen Unbefugten praktisch unmöglich wird den Inhalt zu entziffern. Der befugte Empfänger, der den speziellen *Schlüssel* kennt, kann die Nachricht jedoch ohne Schwierigkeiten lesen.

Im Grundmodell der Kryptographie will Alice (der *Sender*) Bob (dem *Empfänger*) eine Nachricht zukommen lassen. Dazu einigen die beiden sich auf einen gemeinsamen *Schlüssel S* und ein *Verschlüsselungsverfahren V*. Heute ist S in der Regel eine lange und zufällige Folge von Nullen und Einsen (eine typische Länge ist 128) und V ein Computerprogramm. In dem folgenden Abschnitt werden wir einige einfache Beispiele für Verschlüsselungsverfahren kennenlernen. Für den Moment reicht es aber zu wissen, dass V_S eine Funktion ist, die einer lesbaren Nachricht (dem *Klartext*) K einen *Geheimtext G* zuordnet. Wenn Alice Bob eine Nachricht K schicken möchte, berechnet sie den Geheimtext $G = V_S(K)$ und schickt G an Bob. Bob kennt das zugehörige Entschlüsselungsverfahren E und kann $K = E_S(G)$ berechnen.

Das einfachste mögliche *Angriffsszenario* ist das folgende: Christine kennt den gemeinsamen Schlüssel von Alice und Bob nicht. Das Verschlüsselungsverfahren und das Entschlüsselungsverfahren sind ihr jedoch bekannt. Weiterhin ist es Christine möglich, die Sendung von Alice an Bob zu belauschen, d.h. Christine kennt den Geheimtext G. Ein gutes Verschlüsselungsverfahren muss sicherstellen, dass Christine unter diesen Umständen nicht von dem Geheimtext G auf den Klartext K schließen kann.

Es gibt jedoch noch viele weitere Möglichkeiten für einen Angreifer, z.B. könnte Christine versuchen, den Geheimtext G durch einen anderen Geheimtext G' zu ersetzen, ohne dass Bob diese Veränderung bemerkt. Dies kann sehr drastische Konsequenzen haben. Stellen Sie sich z.B. ein System zum Online Banking vor, bei dem ein Angreifer zwar nicht in der Lage ist, die getätigte Überweisung zu lesen, aber trotzdem jederzeit den überwiesenen Betrag verzehnfachen kann. Ein solches System würde niemand benutzen wollen. (Ein anderes Beispiel für einen solchen Angriff finden Sie in Aufgabe 1.1) Um sich gegen solche *aktiven Angreifer* zu schützen, werden in der modernen Kryptographie zusätzlich zu den klassischen Verfahren zur Nachrichtensicherheit auch Verfahren zur Identitätskontrolle usw. untersucht. Die klassischen Verschlüsselungsverfahren machen daher nur noch einen Teil der Kryptographie aus.

In antiken Verfahren wurde nicht streng zwischen Schlüssel und Verschlüsselungsverfahren unterschieden. Doch es gibt einen wesentlichen Unterschied. Das Verschlüsselungsverfahren ist relativ groß. Zum Beispiel umfasst die Spezifikation von AES (advanced encryption standard), ein heute oft eingesetzten Verfahren, 45 Seiten (worin allerdings auch Tipps zur effizienten Implementierung usw. enthalten sind). Der Schlüssel ist jedoch relativ kurz (z.B. ein Passwort). Dadurch ergibt sich, dass es sehr schwer ist das Verschlüsselungsverfahren selbst geheimzuhalten. Die verwendete Maschine oder das entsprechende Programm sind sehr leicht zu stehlen. Die Erfahrung hat uns gelehrt, dass ein entschlossener Gegner früher oder später (meistens früher) das Verschlüsselungsverfahren kennenlernt. Zum Beispiel konnten im zweiten Weltkrieg die Alliierten mehrere Exemplare der von den Deutschen eingesetzten Verschlüsselungsmaschine ENIGMA erbeuten. Die erfolgreiche Analyse des Verfahrens ermöglichte das Knacken der verschlüsselten deutschen Funksprüche. Die so gewonnenen Informationen haben den Kriegsverlauf wesentlich zugunsten der Engländer beeinflusst [18].

Daraus ergibt sich die Forderung die als *Prinzip von Kerckhoff* (1835 – 1903) bekannt ist:

> Die Sicherheit eines Verschlüsselungsverfahrens darf nicht von der Geheimhaltung des Verfahrens selbst, sondern nur von der Geheimhaltung des Schlüssels abhängen.

Heute werden Verschlüsselungsverfahren daher in aller Regel öffentlich vorgestellt und in Fachkreisen diskutiert. Zum Beispiel haben bei der Entwicklung des aktuellen AES-Verfahrens 15 Forscherteams je einen Algorithmus vorgeschlagen. Von diesen 15 Vorschlägen haben sich fünf als fehlerhaft erwiesen (d.h. die Verfahren wurden mindestens teilweise gebrochen). Weitere fünf wurden aus allgemeinen Überlegungen verworfen, ohne dass ein Fehler gefunden worden wäre. Die restlichen fünf Verfahren sind alle gut und werden auch heute eingesetzt. Dieser öffentliche Auswahlprozess stärkt das Vertrauen der Benutzer in das System. (Es gibt immer wieder Leute, die denken, dass sie eine höhere Sicherheit erreichen könnten, wenn sie zusätzlich zum Schlüssel auch das Verschlüsselungsverfahren geheim halten. Dies hat bisher jedoch noch niemals funktioniert. Das Verfahren wird immer früher oder später allgemein bekannt. Der Versuch es anfangs geheimzuhalten ist also im besten

Fall nutzlos, in der Regel führt er jedoch zu einem schlampig entworfenen und daher unsicheren Verfahren. Ein Beispiel aus der jüngeren Vergangenheit bietet die in Mobiltelefonen eingesetzte Verschlüsselung, wo der Verstoß gegen das Prinzip von Kerckhoff zu einem schwachen Verfahren geführt hat [5, 2].)

1.2 Einfache Kryptosysteme

1.2.1 Die Cäsar-Chiffre

Eine der frühsten bekannten Anwendungen von Kryptographie finden wir bei dem römischen Feldherren Julius Cäsar (100 – 44 v.Chr.). Bei Sueton lesen wir

> *Exstant et [epistolae] ad Ciceronem, item ad familiares de rebus, in quibus, si qua occultius perferenda erant, id est sic structo litterarum ordine, ut nullum verbum effici poset; quae si qui investigare et persequi velit, quartam elementorum litteram, id est D pro A et perinde reliquas commutet.*

Auf deutsch

> Es existieren auch [Briefe von Cäsar] an Cicero und an Bekannte über Dinge, in denen er, wenn etwas vertraulich übermittelt werden musste, in Geheimschrift schrieb. D.h. er veränderte die Ordnung der Buchstaben derart, dass kein einziges Wort mehr ausgemacht werden konnte. Wenn jemand das entziffern und den Inhalt erkennen wollte, so musste er den vierten Buchstaben des Alphabets, also D nach A umwandeln und auf gleiche Weise mit den anderen [Buchstaben verfahren].

Die Verschlüsselungsfunktion ist also durch die folgende Tabelle gegeben. (Hier wie auch in allen folgenden Beispielen werden wir zur besseren Unterscheidung Kleinbuchstaben für den Klartext und Großbuchstaben für den Geheimtext verwenden.)

Klartext	a	b	c	d	e	f	g	h	i	j	k	l	m	n	o	p	q	r	s	t	u	v	w	x	y	z
Geheimtext	D	E	F	G	H	I	J	K	L	M	N	O	P	Q	R	S	T	U	V	W	X	Y	Z	A	B	C

Cäsar hat bei seiner Chiffre noch nicht zwischen Schlüssel und Verschlüsselungsverfahren unterschieden. Allerdings lässt sich sein Verfahren leicht verallgemeinern. Das Verschlüsselungsverfahren ist eine beliebige zyklische Verschiebung des Alphabets. Der Schlüssel ist das Geheimtextäquivalent zu a. Das Cäsar-Verfahren ist also eine *Verschiebechiffre* mit Schlüssel D.

Verschiebechiffren sind so einfach, dass es verwunderlich erscheint, dass sie jemals ausreichende Sicherheit geboten haben. Es gibt immerhin nur 26 mögliche Schlüssel. (Wenn wir die „Verschlüsselung" $a \rightarrow A$, $b \rightarrow B$, ..., $z \rightarrow Z$ nicht mitzählen wollen, sind es sogar nur 25 Schlüssel.) Selbst per

Hand ist es kein Problem sämtliche Schlüssel nacheinander auszuprobieren und so den Klartext zu finden.

Eine Grundforderung an jedes Kryptosystem muss daher sein, dass die Anzahl der möglichen Schlüssel so groß ist, dass das Durchprobieren aller Schlüssel zu lange dauert. Bei der momentan verfügbaren Rechenleistung wären etwa 2^{80} mögliche Schlüssel ausreichend. Vorsichtshalber nimmt man jedoch 128-Bit Schlüssel (2^{128} Möglichkeiten) oder, wenn man ganz sicher sein will, 256-Bit Schlüssel.

Verschiebechiffren haben sogar eine Schwäche, die es dem Angreifer erlaubt, ohne Raten den richtigen Schlüssel zu finden. Im Deutschen (wie auch in den meisten anderen europäischen Sprachen) ist e der mit Abstand häufigste Buchstabe. Auch bei kurzen Texten von etwa 50 Zeichen wird man Mühe haben ein Beispiel zu finden, in dem e nicht der häufigste Buchstabe ist.

Diese Beobachtung erlaubt uns einen sehr effizienten Angriff auf mit der Cäsar-Verschlüsselung erzeugte Texte.

Beispiel

Man betrachte den Geheimtext:

```
MRNBNACNGCRBCWRLQCPNQNRV
```

Der häufigste Buchstabe im Geheimtext ist das N (fünfmaliges Auftreten). Wir raten daher, dass das N im Geheimtext für e steht. Dies würde bedeuten, dass die Verschlüsselung eine Verschiebung von 9 Zeichen nach rechts ist. Wir entschlüsseln den Text unter dieser Annahme und erhalten:

```
Dieser Text ist nicht geheim
```

Unsere Vermutung war also richtig.

Selbstverständlich können wir insbesondere bei sehr kurzen Texten nicht erwarten, dass e immer der häufigste Buchstabe ist. Im obigen Beispiel sind die Buchstaben C und R (jeweils vierfach vorhanden) auch sehr häufig. Auf Grund ihrer Häufigkeit wären auch diese Buchstaben naheliegende Kandidaten für e.

Erstaunlicherweise gibt es eine alte literarische Tradition, deren Ziel es ist Texte zu verfassen, in denen ein bestimmter Buchstabe nicht vorkommt. Solche Texte werden *lipogrammatisch* oder *leipogrammatisch* genannt. Diese Tradition geht angeblich auf den Griechen Lasos (um 550 vor Chr.) zurück, der das Sigma wegen seines Zischlautes vermeiden wollte. Lipogrammatische Werke waren schon immer eine Herausforderung an Schriftsteller, so wurden schon im Altertum ernste Versuche unternommen, die Ilias und die Oddysee lipogrammatisch umzuschreiben, so dass im ersten Kapitel das A, im zweiten Kapitel das B und schließlich im letzten Kapitel das Ω fehlt. Der Höhepunkt lipogrammatischer Literatur ist zweifellos der 1969 auf französisch erschienene Roman *La Disparition* von George Perec [27], der ganz ohne e auskommt (bei immerhin über 300 Seiten)! Dieser Roman wurde von Eugen Helmlé lipogrammatisch ins Deutsche übersetzt was eine mindestens ebenso große Leistung ist. Wer sich für lipogrammatische Literatur interessiert sei auf das hervorragende Nachwort des Übersetzers verwiesen.

1.2.2 Die Vigenère-Chiffre

Die Probleme der Cäsar-Verschlüsselung (zu wenig mögliche Schlüssel, Buchstabenhäufigkeiten verraten das Geheimtextäquivalent von e) motivieren die folgende Chiffre, die nach dem französischen Diplomaten BLAISE DE VIGENÈRE (1523 – 1596) benannt wurde.

Konstruktion 1.2

Man wähle ein Schlüsselwort, z.B. GEHEIM. Wenn man einen Text verschlüsseln will, schreibt man das Schlüsselwort Buchstabe für Buchstaben über den Klartext, so lange bis man die Länge des Klartextes erreicht hat, z.b.

```
GEHEIMGEHEIMGEHEIMGEHEIMGEHEIMGE
diesisteinesehrwichtigenachricht
```

Nun werden die Buchstaben des Klartextes wie bei einer Verschiebechiffre verschlüsselt. Nur anstelle der immer gleichen Verschiebung gibt nun der zugehörige Buchstabe des Schlüsselworts die Weite der Verschiebung an.

Im Beispiel muss an der ersten Stelle das Alphabet um 6 Buchstaben nach hinten verschoben werden (a→G, ...), d.h. dem Klartextzeichen d entspricht das Geheimtextzeichen J. Entsprechend wird an der zweiten Stelle das Alphabet um 4 Zeichen verschoben (a→E, ...), so dass wir i durch M verschlüsseln.

```
JMLWQEZIPRMEKLYAQONXPKMZGGOVQONX
```

Um sich die Arbeit etwas zu erleichtern, erzeugt man sich vor der Verschlüsselung das Vigenère-Tableau (Abbildung 1.3).

Mit Hilfe des Vigenère-Tableaus kann man verschlüsseln, indem man in der Zeile, die durch den Klartextbuchstaben, und der Spalte, die durch den Buchstaben des Schlüsselworts bestimmt wird, den zugehörigen Geheimtextbuchstaben nachschlägt. Die Arbeit ist ganz mechanisch und kann von einem geübten Benutzer sehr schnell erledigt werden. (Dies war vor der Erfindung der Computer ein sehr wichtiges Kriterium. Verschlüsselungsverfahren mussten für Hilfskräfte, die zum Teil nicht einmal lesen konnten, durchführbar sein. Heute wählt man entsprechend Verfahren aus, die für die verfügbare Hardware möglichst einfach zu bewältigen sind.)

Die Vigenère-Verschlüsselung behebt viele Probleme der Cäsar-Verschlüsselung. Zum einen gibt es, selbst wenn man nur kurze Schlüsselwörter zulässt, eine große Anzahl von Schlüsseln (z.B. gibt es $26^5 = 11881376$ Schlüsselwörter mit fünf Buchstaben), sodass ohne Computer ein Ausprobieren aller Schlüssel unmöglich ist. Zum anderen kann je nach Position im Geheimtext das gleiche Geheimtextzeichen für verschiedene Klartextzeichen stehen (im Beispiel steht G einmal für a und einmal für c). Schlussendlich wird ein Klartextzeichen je nach Position durch verschiedene Geheimtextzeichen verschlüsselt (im Beispiel sind sowohl G als auch O Geheimtextäquivalente für c). Eine einfache Analyse der Buchstabenverteilung, wie bei der Cäsar-Chiffre, wird uns daher nicht helfen.

```
     a b c d e f g h i j k l m n o p q r s t u v w x y z

 a   A B C D E F G H I J K L M N O P Q R S T U V W X Y Z
 b   B C D E F G H I J K L M N O P Q R S T U V W X Y Z A
 c   C D E F G H I J K L M N O P Q R S T U V W X Y Z A B
 d   D E F G H I J K L M N O P Q R S T U V W X Y Z A B C
 e   E F G H I J K L M N O P Q R S T U V W X Y Z A B C D
 f   F G H I J K L M N O P Q R S T U V W X Y Z A B C D E
 g   G H I J K L M N O P Q R S T U V W X Y Z A B C D E F
 h   H I J K L M N O P Q R S T U V W X Y Z A B C D E F G
 i   I J K L M N O P Q R S T U V W X Y Z A B C D E F G H
 j   J K L M N O P Q R S T U V W X Y Z A B C D E F G H I
 k   K L M N O P Q R S T U V W X Y Z A B C D E F G H I J
 l   L M N O P Q R S T U V W X Y Z A B C D E F G H I J K
 m   M N O P Q R S T U V W X Y Z A B C D E F G H I J K L
 n   N O P Q R S T U V W X Y Z A B C D E F G H I J K L M
 o   O P Q R S T U V W X Y Z A B C D E F G H I J K L M N
 p   P Q R S T U V W X Y Z A B C D E F G H I J K L M N O
 q   Q R S T U V W X Y Z A B C D E F G H I J K L M N O P
 r   R S T U V W X Y Z A B C D E F G H I J K L M N O P Q
 s   S T U V W X Y Z A B C D E F G H I J K L M N O P Q R
 t   T U V W X Y Z A B C D E F G H I J K L M N O P Q R S
 u   U V W X Y Z A B C D E F G H I J K L M N O P Q R S T
 v   V W X Y Z A B C D E F G H I J K L M N O P Q R S T U
 w   W X Y Z A B C D E F G H I J K L M N O P Q R S T U V
 x   X Y Z A B C D E F G H I J K L M N O P Q R S T U V W
 y   Y Z A B C D E F G H I J K L M N O P Q R S T U V W X
 z   Z A B C D E F G H I J K L M N O P Q R S T U V W X Y
```

Abb. 1.3: Das Vigenère-Tableau

Trotzdem genügt die Vigenère-Verschlüsselung nicht einmal annähernd modernen Sicherheitsstandards. Der einfachste Angriff setzt voraus, dass dem Angreifer die Länge des Schlüsselworts bekannt ist. Nehmen wir zum Beispiel an, wir wüssten schon, dass ein Schlüsselwort der Länge sechs verwendet wurde. Dann betrachten wir nur jeden sechsten Buchstaben des Geheimtextes. Da an diesen Stellen immer dasselbe Schlüsselzeichen verwendet wurde, entspricht der entsprechende Geheimtext einer Cäsar-Verschlüsselung. Wir können also durch Auswerten der Buchstabenhäufigkeit das Geheimtextäquivalent von e und damit auch den Schlüsselbuchstaben bestimmen. Auf diese Weise erhält man das gesamte Schlüsselwort, d.h. die Chiffre ist gebrochen. (In Aufgabe 1.3 können Sie diesen Angriff an einem Beispiel selbst durchführen.)

Damit haben wir das Brechen einer Vigenère-Verschlüsselung auf das Brechen von (im Beispiel sechs) Cäsar-Verschlüsselungen zurückgeführt. Als einziger Vorteil bleibt, dass ein Angreifer mehr Geheimtext kennen muss, um eine Vigenère-Verschlüsselung zu brechen. Denn wenn man etwa 20 bis 30 Geheimtextzeichen braucht, um eine Cäsar-Verschlüsselung durch Analyse der Buchstabenhäufigkeit zu brechen, so braucht man bei einer Vigenère-Verschlüsselung mit Schlüsselwortlänge n etwa $20n$ bis $30n$ Geheimtextzeichen, um den oben beschriebenen Angriff erfolgreich durchzuführen. Bei plausiblen Schlüsselwortlängen kann man daher davon ausgehen, dass es sehr schwer ist einen Vigenère verschlüsselten Geheimtext von deutlich unter 100 Zeichen zu brechen. Von dieser Beobachtung kommt die alte Empfehlung, verschlüsselte Nachrichten möglichst kurz zu halten. Bei modernen Verfahren bedeutet kurz in der Regel irgend etwas zwischen einem Gigabyte (10^9 Zeichen) und mehreren Tausend Terabytes (10^{12} Zeichen) je nach verwendeten Verfahren. In aller Regel sind Nachrichten wesentlich kürzer aber bei wirklich langen Nachrichten sollte man die Nachricht in mehrere kurze Blöcke unterteilen und für jeden Block einen eigenen Schlüssel benutzen.

Wie kann der Angreifer die Länge des Schlüsselworts ermitteln? Dafür gibt es mehrere Möglichkeiten. Zum einem kann man einfach raten. Da das Schlüsselwort wahrscheinlich höchstens zehn Zeichen lang ist, muss man nur wenige mögliche Längen durchprobieren bis man Erfolg hat. Aber man kann auch durch Analyse des Geheimtextes die Schlüsselwortlänge direkt bestimmen. Entsprechende Angriffe wurden von KASISKI und FRIEDMAN (um 1900) veröffentlicht. Da diese Angriffe für die folgenden Erörterungen nicht notwendig sind, geben wir hier keine Details, sondern verweisen auf gängige Einführungsliteratur (z.B. das schöne Büchlein [4], Kapitel 2.3).

Ein anderes Problem der Vigenère-Verschlüsselung betrifft ihre Schwäche gegen einen *Angriff mit bekanntem Klartext*. Dabei ist dem Angreifer von vornherein ein Teil des Klartextes bekannt. Dies kommt häufiger vor als man zunächst denkt. Zum Beispiel spricht vieles dafür, dass eine geheime Nachricht die von einem gegnerischen U-Boot gesendet wurde, Wörter wie U-Boot oder Schiff enthält. Hat der Angreifer erst einmal ein solches Wort erfolgreich geraten, ist die Verschlüsselung so gut wie gebrochen (siehe Aufgabe 1.4). Bei der Untersuchung moderner Verschlüsselungsverfahren nimmt man in der Regel sogar an, dass der Angreifer in der Lage ist zu jedem von ihm *gewählten* Klartext den passenden Geheimtext zu erfahren. (In unserem einführenden Beispiel mit dem Automaten und der Kreditkarte ist genau dies der Fall.) Die Idee hinter solchen Annahmen ist, dass ein Verfahren, dass einen gut informierten Angreifer abwehren kann, einen schwächeren Angreifer nur um so sicherer abwehrt. Außerdem hat die Erfahrung gezeigt, dass ein Angriff mit einem bekannten oder gewählten Klartext oft so modifiziert werden kann, dass er auch ohne bekannten Klartext funktioniert. Wir werden in Abschnitt 3.4.1 ein Beispiel dafür sehen. Verfahren, die einen Angriff mit einem gewählten Klartext nicht abwehren können, gelten daher heute als unbrauchbar.

Die obigen Schwächen der Vigenère-Verschlüsselung haben in der Vergangenheit zu mehreren Verbesserungsvorschlägen geführt. Dabei ging es darum, möglichst lange Schlüsselwörter zu generieren. Eine dieser Varianten geht wie folgt: Sender und Empfänger einigen sich vorab auf ein Buch, das beiden bekannt ist (z.B. Bibel, Genesis). Danach können beide jeden noch so langen Text mit dem folgenden „Schlüsselwort" verschlüsseln.

> *Am Anfang schuf Gott Himmel und Erde. Und die Erde war wüst und*
> *leer, ...*

Angriffe, die auf ein kurzes sich wiederholendes Schlüsselwort ziehlen, versagen an dieser Stelle. (Aber Vorsicht, die Bibel ist ein sehr bekanntes Buch! Vieleicht errät ein Angreifer ihren Schlüssel, nehmen Sie lieber ein etwas weniger bekanntes Werk.) Dieses Verfahren ist jedoch immer noch nicht sicher, wie wir in Abschnitt 3.4.1 sehen werden. Erstaunlicherweise gibt es jedoch immer wieder moderne Anwendungen, bei denen dieser klassische Angriff mit Erfolg angewandt werden kann. Es lohnt sich also diese Variante der Vigenère-Verschlüsselung genau zu studieren.

Der Fehler in dem vorhergehenden Verfahren war, dass das Schlüsselwort noch immer ein sinnvoller Text sein musste. Daher wählen wir als nächste Verbesserung eine zufällige Folge von Buchstaben, die mindestens so lang wie der zu verschlüsselnde Text ist, als „Schlüsselwort". Im nächsten Kapitel werden wir zeigen, dass es unmöglich ist diese, als One-Time-Pad bekannte, Vigenère-Variante zu brechen. Allerdings ist dieses Verfahren sehr unpraktisch. Da der Schlüssel ebenso lang wie die Nachricht ist, ist der sichere Transport des Schlüssels vom Sender zum Empfänger fast ebenso schwer wie der Transport der Nachricht selbst. Als einziger Vorteil bleibt, dass Sender und Empfänger den Zeitpunkt des Schlüsselaustausches selbst bestimmen können, während normalerweise nicht beeinflussbare äußere Umstände den Zeitpunkt, zu dem die Nachricht gesendet werden muss, bestimmen. Dieses Problem des *Schlüsselaustausches* ist der Grund dafür, dass dieses absolut sichere Verfahren in der Praxis nur selten eingesetzt wurde.

Die Grundidee der Vigenère-Verschlüsselung

> „Verwende für jedes Zeichen eine sehr einfache Verschlüsselung mit nur
> wenigen möglichen Schlüsseln, aber wechsle den Schlüssel bei jedem
> neuen Zeichen."

ist trotz allem auch heute noch aktuell. Die modernen Nachfolger der Vigenère-Verschlüsselung heißen *Strom-* oder *Flusschiffren* und einige der schnellsten modernen Verschlüsselungsfunktionen gehören zu dieser Klasse. Als Grundbaustein werden nicht länger Buchstaben und Verschiebechiffren, sondern Bits und die XOR-Operation (exklusives Oder, $0 \oplus 0 = 0$, $0 \oplus 1 = 1$, $1 \oplus 0 = 1$, $1 \oplus 1 = 0$) genommen. Da $(x \oplus s) \oplus s = x$ gilt und es nur zwei mögliche Schlüssel gibt ($s = 0$ oder $s = 1$), ist die Grundstruktur noch einfacher als beim klassischen Vigenère-Verfahren. Natürlich darf man bei einer Stromchiffre nicht einfach kurze Folgen von 0 und 1 periodisch wiederholen, sondern man muss eine möglichst zufällig wirkende Folge von 0 und 1 erzeugen. Die modernen Stromchiffren unterscheiden sich in den Algorithmen, die so eine Pseudozufallsfolge erzeugen. Wir werden in Abschnitt 3.3 genauer darauf eingehen.

Auch bei dem Verfahren zur visuellen Kryptographie, das wir am Anfang des Kapitels besprochen haben, ist die Verschlüsselung eines einzelnen Bildpunktes sehr einfach. Hier gibt es nur zwei mögliche Schlüssel nämlich ▧ und ▨ . Die Sicherheit des Verfahrens wird erst dadurch erreicht, dass man für jeden Bildpunkt eine neue zufällige Kombination wählt. Damit ist visuelle Kryptographie auch ein moderner Nachfolger der Vigenère-Verschlüsselung.

Aufgaben

1.1 Wir nehmen an, dass in dem Beispiel mit der Kreditkarte und dem Automaten die Karte immer dieselbe Schrift benutzt, um den Betrag zu codieren. Dies führt dazu, dass der Automat das verschlüsselte Bild erraten kann.

Wie kann der Automat unter diesen Umständen auf die geheime Folie schließen? Welche Möglichkeit zum Betrug eröffnet sich damit?

1.2 Die folgenden zwei Texte wurden mit einer Verschiebechiffre verschlüsselt.

(a) MVIJTYZVSVTYZWWIVE JZEU EZTYK JZTYVI.
(b) EZOUO!

1.3 Entschlüsseln Sie den folgenden Vigenère-verschlüsselten Text. (Das Schlüsselwort hat die Länge 4.)

```
IIVV SIUR ZWKU QRAV ZHLN HSVM GYMO QVHR GKMA PEAF
QWSR URON ZDTR UGPG QWQF FIQA QQMG TSLR PIZT QLMV
YWKU DMNG LYNV ZHMA PMMQ QVMA FWKU XYMF EITH ZKBE
AXHG
```

1.4 Der folgende Geheimtext wurde mit einer Vigenère-Verschlüsselung erzeugt. Wir vermuten, dass der Klartext mit **komme** beginnt.

```
WCZFE SAFTX NFGAI XRKUB OTRZQ BGKEL RDHGK Z
```

Wie lautet der Klartext?

Theorie der Kryptosysteme

2.1 Was ist Information?

In der Einführung haben wir davon gesprochen, dass keine der beiden Folien eine Information über das geheime Bild liefert. In diesem Kapitel wollen wir die notwendige Theorie erarbeiten, um Aussagen dieser Art beweisen zu können. Dazu müssen wir zunächst einmal den Begriff der Information formal fassen.

Dies leistet die von CLAUDE ELWOOD SHANNON (1916 – 2001) entwickelte Informationstheorie. In einer Serie von drei Artikeln [32, 33, 34] entwickelte er die Grundlagen der Informationstheorie, der Codierungstheorie (auf die wir in Abschnitt 4.2 näher eingehen werden) und der Kryptographie. Dieses Kapitel gibt eine kurze Einführung in seine Arbeit.

Shannon fordert drei Eigenschaften, die ein Informationsmaß erfüllen muss:

Definition 2.1

- Der Informationsgehalt einer Nachricht N hängt nur von der Sendewahrscheinlichkeit $p(N)$ ab. (Diese Forderung liefert uns die Abstraktion von der mathematisch nicht fassbaren Bedeutung einer Nachricht auf die mathematisch gut fassbaren Begriffe der Wahrscheinlichkeitstheorie.)
- Je geringer die Sendewahrscheinlichkeit p einer Nachricht ist, desto größer ist ihr Informationsgehalt $H(p)$. (Dies formalisiert die Vorstellung, dass eine Nachricht, die ohnehin nichts Neues bringt, praktisch keinen Nutzen hat.)
- Sind zwei Nachrichten voneinander (stochastisch) unabhängig, d.h. gilt $p(N_1 N_2) = p(N_1)p(N_2)$, so ist die gemeinsame Information die Summe der beiden Einzelinformationen.

$$H(p_1 p_2) = H(p_1) + H(p_2) \qquad \text{(Additivität)}$$

Man kann zeigen, dass es bis auf Vielfache nur eine *Entropiefunktion* H gibt, die diese Eigenschaften erfüllt. Dies ist

$$H(p) = -\log(p) \ .$$

Dabei kann die Basis des Logarithmus frei gewählt werden. Wir werden im Folgenden immer die Basis 2 wählen. Ein zufälliges Bit $(p = \frac{1}{2})$ bildet somit die Einheit der Information $(-\log_2(\frac{1}{2}) = 1)$. (Der Beweis, dass $H(p) = -\log(p)$ die einzige Funktion ist, die den Bedingungen von Shannon genügt, ist etwas aufwendiger. Da er zudem für die Anwendungen in der Kryptographie nur von geringem Nutzen ist, lassen wir ihn hier aus und verweisen auf Literatur zur Informationstheorie, wie z.B. [25].)

Shannon dehnt nun den Begriff der Entropie von einer einzelnen Nachricht auf Nachrichtenquellen aus.

Definition 2.2

Eine Nachrichtenquelle $\mathcal{M}$ kann eine endliche Anzahl von Nachrichten erzeugen. (Das $\mathcal{M}$ steht für das englische Wort *message* und hat sich auch im Deutschen als Standardbezeichnung eingebürgert.) Für eine mögliche Nachricht $M \in \mathcal{M}$ bezeichne $p(M)$ die Wahrscheinlichkeit, dass M von der Nachrichtenquelle erzeugt wird.

Die abgefangene Nachricht M liefert die Information $H(p(M)) = -\log_2(p(M))$. Die durchschnittliche Information, die man durch das Abhören einer Nachricht gewinnt, nennt man die *Entropie* $H(\mathcal{M})$ der Nachrichtenquelle.

$$H(\mathcal{M}) = -\sum_{M \in \mathcal{M}} p(M) \log_2 p(M)$$

Die Entropie ist zunächst einmal nur für $p(M) \neq 0$ für alle $M \in \mathcal{M}$ definiert, d.h. alle Nachrichten müssen möglich sein. Diese Einschränkung kann jedoch auch noch aufgehoben werden (siehe Übung 2.1).

Man interpretiert die Entropie auch als ein Maß für die Unbestimmtheit, die über die erzeugten Nachrichten besteht, wenn man die Quelle nicht beobachten kann.

Der Begriff der Entropie wird z.B. bei der Konstruktion von Packprogrammen angewandt. Dort ordnet man häufigen Nachrichten kurze und seltenen Nachrichten lange Beschreibungen zu. Beim Morse-Code wird z.B. das häufige e durch · und das seltene x durch -··- dargestellt. Die Entropie liefert in diesem Zusammenhang eine untere Schranke für die durchschnittliche Länge der Beschreibung.

In der Kryptographie nutzt man die Entropie unter anderem, um die Sicherheit von Passwörtern zu beurteilen. Stammt ein Passwort aus einer Quelle mit Entropie n, so ist der Aufwand zum Erraten dieses Passworts $\approx 2^n$. Eine Entropie von 32 ist extrem unsicher, das Passwort wird zu leicht erraten.

Gute Passwörter erreichen ein Entropie von 64. Benutzt man moderne Kryptographieverfahren und soll das Passwort mindestens so stark sein wie der kryptographische Schlüssel, so muss man eine Entropie von 128 erreichen, dies entspricht etwa 21 zufälligen Zeichen (bei einem Zeichenvorrat von 64 druckbaren Zeichen) oder einer Passphrase, die aus zwei kompletten Sätzen besteht.

Betrachten wir nun zwei Beispiele für die Berechnung der Entropie.

Beispiel

Betrachten wir ein sehr einfaches Beispiel, bei dem der Sender nur eine von drei möglichen Nachrichten M_1, M_2 oder M_3 senden will. Die Wahrscheinlichkeit $p(M_1)$, dass M_1 gesendet wird sei 0.5. Für die beiden anderen Nachrichten gelte $p(M_2) = 0.3$ bzw. $p(M_3) = 0.2$.

Dann ist die Entropie der Nachrichtenquelle

$$H(M) = -0.5 \log_2(0.5) - 0.3 \log_2(0.3) - 0.2 \log_2(0.2) \approx 1.49 \ .$$

Beispiel

Will man normale Texte mit den Begriffen der Shannonschen Informationstheorie modellieren, geht man wie folgt vor:

Anstelle eines deutschen Textes betrachten wir eine zufällige Folge von Buchstaben, bei der nur jeweils die relative Häufigkeit der Buchstaben mit der deutschen Sprache übereinstimmt, d.h. wir erzeugen die Buchstaben mit den folgenden Wahrscheinlichkeiten (Angaben in Prozent):

a	b	c	d	e	f	g	h	i	j	k	l	m
6.51	1.89	3.06	5.08	17.40	1.66	3.01	4.76	7.55	0.27	1.21	3.44	2.53

n	o	p	q	r	s	t	u	v	w	x	y	z
9.78	2.51	0.79	0.02	7.00	7.27	6.15	4.35	0.67	1.89	0.03	0.04	1.13

Für diese Nachrichtenquelle können wir die Entropie (4.06) ausrechnen. Da die betrachtete Nachrichtenquelle eine Näherung an die deutsche Sprache ist, liefert uns dies eine Entropie von 4.06 pro Zeichen als erste Näherung für die Entropie der deutschen Sprache. Die deutsche Sprache enthält außer der Buchstabenhäufigkeit jedoch noch andere Regelmäßigkeiten, wir erwarten daher, dass diese Schätzung zu hoch ist.

Wie wir bei der Analyse der Cäsar-Chiffre gesehen haben, kann in einfachen Fällen die Buchstabenhäufigkeit bereits ein ausreichend gutes Modell der deutschen Sprache sein. Komplizierte Modelle können die Häufigkeit von Bigrammen (Buchstabenpaaren) oder sogar die Häufigkeiten von Wörtern und dem Satzbau berücksichtigen (siehe z.B. Übung 2.2). Man schätzt, dass die deutsche Sprache etwa eine Entropie von 1.6 pro Zeichen liefert (siehe [3]).

Bei einem Kryptographieverfahren gibt es außer den Nachrichten noch die Geheimtexte. Insbesondere kann der Angreifer einen Geheimtext abfangen. Danach kann er mit der Formel von BAYES die a posteriori Wahrscheinlichkeiten für die gesendete Nachricht bestimmen.

$$p(M \mid C) = \frac{p(M,C)}{p(C)}$$

Dabei bezeichnet $p(M \mid C)$ die bedingte oder a posteriori Wahrscheinlichkeit, dass der Klartext M zu dem bekannten Geheimtext C gehört. $p(M,C)$ ist die Wahrscheinlichkeit, dass der Sender M als Klartext wählt und dies als C verschlüsselt und $p(C)$ bezeichnet die Wahrscheinlichkeit, dass der Geheimtext C durch irgendeine Nachricht erzeugt wird.

Wir wollen die a priori Wahrscheinlichkeit $p(M)$ mit der a posteriori Wahrscheinlichkeit $p(M \mid C)$ vergleichen. Dies führt auf die Definition der bedingten Entropie.

Definition 2.3

Die *bedingte Entropie* des Kryptosystems mit Nachrichtenmenge $\mathcal{M}$ und Geheimtextmenge $\mathcal{C}$ ist

$$H(\mathcal{M} \mid \mathcal{C}) = - \sum_{C \in \mathcal{C}} \left[p(C) \sum_{M \in \mathcal{M}} p(M|C) \log_2 p(M \mid C) \right] .$$

Man kann $H(\mathcal{M} \mid \mathcal{C})$ als die mittlere Unsicherheit interpretieren, die bei einem Angreifer über die Nachricht bleibt, wenn er den Geheimtext abgefangen hat. Zu unserer intuitiven Vorstellung von Information gehört auch, dass zusätzliche Information unsere Unsicherheit nur verringern kann. Die formale Definition respektiert unsere Intuition, denn es gilt:

Satz 2.1
$$H(\mathcal{M}) \geq H(\mathcal{M} \mid \mathcal{C})$$

Beweis: Der Logarithmus ist eine konkave Funktion, d.h. es gilt für alle $t \in [0,1]$ die Ungleichung $\ln(tx + (1-t)y) \geq t \ln(x) + (1-t) \ln(y)$. Daher liegt der Graph des Logarithmus immer unterhalb jeder Tagente. Angewandt auf die Stelle 1 liefert dies $\ln(x) \leq x - 1$ mit Gleichheit nur für $x = 1$. Diese Abschätzung werden wir im Folgenden benötigen.

Für die folgende Rechnung muss beachtet werden, dass

$$p(M) = \sum_{C \in \mathcal{C}} p(M \cap C) = \sum_{C \in \mathcal{C}} p(C) p(M \mid C)$$

gilt.

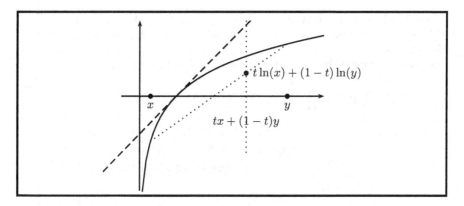

Abb. 2.1: Der Logarithmus ist eine konkave Funktion

$$H(\mathcal{M} \mid \mathcal{C}) - H(\mathcal{M}) = - \sum_{C \in \mathcal{C}} p(C) \left[\sum_{M \in \mathcal{M}} p(M \mid C) \log_2 p(M \mid C) \right]$$
$$+ \sum_{M \in \mathcal{M}} p(M) \log_2 p(M)$$
$$= \sum_{C \in \mathcal{C}} \sum_{M \in \mathcal{M}} p(C) p(M \mid C) \log_2 \frac{p(M)}{p(M \mid C)} \qquad (2.1)$$
$$\leq \frac{1}{\ln 2} \sum_{C \in \mathcal{C}} \sum_{M \in \mathcal{M}} p(C) p(M \mid C) \left(\frac{p(M)}{p(M \mid C)} - 1 \right) \qquad (2.2)$$
$$= \frac{1}{\ln 2} \left(\sum_{C \in \mathcal{C}} \sum_{M \in \mathcal{M}} p(C) p(M) - \sum_{C \in \mathcal{C}} \sum_{M \in \mathcal{M}} p(C) p(M \mid C) \right)$$
$$= 0$$

Also ist $H(\mathcal{M}) \geq H(\mathcal{M} \mid \mathcal{C})$.   □

Beispiel

Ein Kryptosystem kann nur drei mögliche Nachrichten M_1, M_2, M_3 verschlüsseln und es gibt nur zwei mögliche Schlüssel S_1 und S_2 sowie drei mögliche Geheimtexte C_1, C_2 und C_3. Die Verschlüsselungsfunktion E lautet $E_{S_1}(M_i) = C_i$ (für $i = 1, 2, 3$) und $E_{S_2}(M_1) = C_2$, $E_{S_2}(M_2) = C_3$, $E_{S_3}(M_3) = C_1$.

Es gelte $p(M_1) = 0.5$, $p(M_2) = 0.3$ und $p(M_3) = 0.2$ (die Entropie ist also $H(\mathcal{M}) = 1.49$, siehe das vorangegangene Beispiel) und die beiden Schlüssel werden jeweils mit der Wahrscheinlichkeit $p = 0.5$ gewählt.

Nun wollen wir die a posteriori Wahrscheinlichkeiten bestimmen. Angenommen C_1 wurde empfangen, dann ist nach der Formel von Bayes

$$p(M_1 \mid C_1) = \frac{p(M_1, C_1)}{p(C_1)} = \frac{0.5 \cdot 0.5}{0.5 \cdot 0.5 + 0.2 \cdot 0.5} \approx 0.71$$

Entsprechend ergeben sich Werte $p(M_2 \mid C_1) = 0$, $p(M_3 \mid C_1) \approx 0.29$, $p(M_1 \mid C_2) = 0.625$, $p(M_2 \mid C_2) = 0.375$, $p(M_3 \mid C_2) = 0$, $p(M_1 \mid C_3) = 0$, $p(M_2 \mid C_3) = 0.6$ und $p(M_3 \mid C_3) = 0.4$.

Damit können wir die bedingte Entropie $H(\mathcal{M} \mid \mathcal{C})$ berechnen.

$$H(\mathcal{M} \mid \mathcal{C}) = - \sum_{C \in \mathcal{C}} \left[p(C) \sum_{M \in \mathcal{M}} p(M|C) \log_2 p(M \mid C) \right]$$
$$\approx 0.35[0.71 \log_2(0.71) + 0.29 \log_2(0.29)]+$$
$$0.4[0.625 \log_2(0.625) + 0.375 \log_2(0.327)]+$$
$$0.25[0.6 \log_2(0.6) + 0.4 \log_2(0.4)]$$
$$\approx 0.93$$

Diese ist geringer als die unbedingte Entropie $H(\mathcal{M}) = 1.49$, der Angreifer kann also durch Beobachten des Geheimtextes eine Information über die Nachricht erlangen. Dies entspricht auch unseren Erwartungen, da man zum Beispiel nach Abhören des Geheimtextes C_1 die Nachricht M_2 sicher ausschließen kann.

Man nennt den Gewinn an Information, den ein Angreifer durch Abhören einer Nachricht erreichen kann, die wechselseitige Information zwischen Klartext und Geheimtext.

Definition 2.4

$$I(\mathcal{M}, \mathcal{C}) = H(\mathcal{M}) - H(\mathcal{M} \mid \mathcal{C})$$

nennt man die *wechselseitige Information* zwischen $\mathcal{M}$ und $\mathcal{C}$.

Die wechselseitige Information kann auf die verschiedensten Weisen berechnet werden. Besonders hilfreich ist die folgende Darstellung an der man direkt ablesen kann, dass die wechselseitige Information symmetrisch und nicht negativ ist.

Satz 2.2

$$I(\mathcal{M}, \mathcal{C}) = \sum_{M \in \mathcal{M}} \sum_{C \in \mathcal{C}} p(M, C) \log_2 \frac{p(M, C)}{p(M)p(C)} \qquad (2.3)$$

Beweis:

Im Beweis von Satz 2.1 haben wir

$$H(\mathcal{M} \mid \mathcal{C}) - H(\mathcal{M}) = \sum_{C \in \mathcal{C}} \sum_{M \in \mathcal{M}} p(C)p(M \mid C) \log_2 \frac{p(M)}{p(M \mid C)}$$

hergeleitet (Gleichung (2.1)).

Also gilt

$$I(\mathcal{M}, \mathcal{C}) = H(\mathcal{M}) - H(\mathcal{M} \mid \mathcal{C})$$

$$= \sum_{C \in \mathcal{C}} \sum_{M \in \mathcal{M}} p(C)p(M \mid C) \log_2 \frac{p(M \mid C)}{p(M)}$$

$$= \sum_{C \in \mathcal{C}} \sum_{M \in \mathcal{M}} p(M, C) \log_2 \frac{p(M, C)}{p(M)p(C)} \qquad \square$$

2.2 Absolute Sicherheit

Wir haben jetzt alle Mittel der Informationstheorie beisammen, die wir für die Anwendung in der Kryptographie benötigen. Die wechselseitige Information beschreibt anschaulich gesehen, wie viel ein Angreifer aus der verschlüsselten Nachricht über den Klartext lernen kann. Je kleiner dieser mögliche Informationsgewinn ist, desto besser.

Definition 2.5

Ein Verschlüsselungsverfahren heißt *perfekt*, wenn der Geheimtext keine Information über den Klartext liefert.

Ein einfaches perfektes Kryptosystem wird durch das sogenannte One-Time-Pad realisiert.

Konstruktion 2.1

Um eine Nachricht, die aus n Bits besteht, verschlüsseln zu können, einigen sich Sender und Empfänger auf eine zufällige Folge von n Bits. Jeder dieser 2^n möglichen Schlüssel muss mit der gleichen Wahrscheinlichkeit gewählt werden.

Ist der Schlüssel $(s_1, \ldots, s_n)$, so wird die Nachricht $(m_1, \ldots, m_n)$ durch

$$(c_1, \ldots, c_n) = (m_1 \oplus s_1, \ldots, m_n \oplus s_n)$$

verschlüsselt. Dabei bezeichnet $\oplus$, das bereits in Kapitel 1 eingeführte exklusive Oder ($0 \oplus 0 = 0$, $1 \oplus 0 = 1$, $0 \oplus 1 = 1$, $1 \oplus 1 = 1$).

Die Entschlüsselung erfolgt durch $(m_1, \ldots, m_n) = (c_1 \oplus s_1, \ldots, c_n \oplus s_n)$.

Da beim One-Time-Pad alle Schlüssel gleichwahrscheinlich sind und jeder Geheimtext für alle möglichen Klartexte stehen kann, folgt für einen beliebigen Geheimtext C:

$$p(C) = \sum_{M \in \mathcal{M}} p(M) \frac{1}{2^n} = \frac{1}{2^n} \, .$$

Also sind nicht nur die Schlüssel, sondern auch die Geheimtexte gleichverteilt. Für die a posteriori Wahrscheinlichkeiten bedeutet dies

$$p(M \mid C) = \frac{p(M, C)}{p(C)} = \frac{p(M)2^{-n}}{2^{-n}} = p(M) \, .$$

Die a posteriori Verteilung der Klartexte ist also mit der a priori Verteilung identisch. Für die bedingte Entropie bedeutet dies $H(\mathcal{M} \mid \mathcal{C}) = H(\mathcal{M})$. (Man überprüfe dies mit Definition 2.3.) Die wechselseitige Information ist also 0, d.h. ein Angreifer erfährt aus dem abgehörten Geheimtext nichts über die gesendete Nachricht. Das One-Time-Pad ist absolut sicher.

Warum benutzen nicht alle dieses perfekte Kryptographiesystem? Das Problem liegt darin, dass der Sender einen sehr langen zufälligen Schlüssel erzeugen muss. Dieser Schlüssel muss dem Empfänger mitgeteilt werden, der ihn bis zur eigentlichen Sendung sicher aufbewahren muss. Dies bereitet in der Praxis einige Probleme.

So stellt sich zum Beispiel die Frage, wenn der Schlüssel genauso lang ist wie die Nachricht, wie kann ich mich dann davor schützen, dass der Schlüssel abgehört wird? Tatsächlich disqualifiziert sich damit das One-Time-Pad bereits für viele Einsätze. So ist es z.B. bei den meisten Anwendungen von Kryptographie in Computernetzwerken (SSL, SSH, PGP, etc.) üblich den Schlüssel direkt vor dem Geheimtext zu übertragen. Damit der Schlüssel nicht von einem Angreifer abgefangen werden kann, wird er mit einem sogenannten asymmetrischen Verschlüsselungsverfahren geschützt. Dieses ist jedoch zu langsam, um damit die komplette Datenmenge zu schützen. Der Trick funktioniert also nur, falls der Schlüssel deutlich kürzer als die Nachricht ist.

Andererseits sind durchaus Anwendungen vorstellbar, bei denen sich die beiden Partner im Vorfeld treffen und eine CD mit Zufallsbits austauschen. Danach können sie das One-Time-Pad anwenden, solange die Nachrichtenlänge insgesamt unter 650MB bleibt. Die CD muss jedoch vor Angriffen sicher aufbewahrt werden und dies kann unter Umständen bereits zu einem Problem werden. Auch die Frage, wie man eine ausreichend große Menge an Zufallszahlen erzeugt, ist ein Problem, das nicht ganz leicht zu lösen ist, vergleiche Abschnitt 3.3.

Aus all diesen Gründen wurde das One-Time-Pad in der Geschichte nur in wenigen Fällen eingesetzt. Eines der wenigen Einsatzgebiete war im Kalten Krieg der heiße Draht zwischen dem Weißen Haus und dem Kreml.

Dies ist im Prinzip auch das einzige perfekte Kryptosystem, wie der folgende Satz von Shannon zeigt.

Satz 2.3

Bei einem absolut sicheren Kryptosystem ist die Anzahl der möglichen Schlüssel mindestens so groß wie die Anzahl der möglichen Nachrichten.

Beweis:

Im Beweis von Satz 2.1 gilt in der Abschätzung (2.2) Gleichheit genau dann, wenn $\frac{p(M)}{p(M|C)} = 1$ für alle $M \in \mathcal{M}$ und $C \in \mathcal{C}$ gilt.

Bei einem absolut sicheren System ($I(\mathcal{M}, \mathcal{C}) = 0$) muss daher $p(M \mid C) = p(M)$ für alle Paare M, C gelten. Insbesondere muss es für jedes Paar M, C einen Schlüssel K geben für den $E_K(M) = C$ gilt. Die Anzahl der Schlüssel ist also mindestens so groß wie die Anzahl der möglichen Geheimtexte, die ihrerseits wiederum mindestens so groß wie die Anzahl der möglichen Klartexte sein muss.   □

Perfekte Kryptosysteme müssen daher immer mit dem One-Time-Pad den Nachteil des großen Schlüsselraums gemeinsam haben. Unterschiede betreffen nur unwesentliche Details, z.b. welches Alphabet man als Grundlage nimmt. Damit wollen wir unseren Ausflug in die Theorie der Kryptosysteme beenden. Im nächsten Kapitel werden wir die hier vorgestellten Methoden auf das visuelle Kryptographieverfahren anwenden. Natürlich kann man die Informationstheorie nicht nur zum Beweis der absoluten Sicherheit eines Kryptographieverfahrens benutzen, sondern man kann auch über nicht absolut sichere Verfahren Aussagen gewinnen (siehe z.b. [12]).

Aufgaben

2.1 Zeigen Sie $\lim_{x \to 0} x \log x = 0$. (Hinweis: Benutzen Sie die Regel von L'Hospital. Dies ist die einzige Aufgabe in diesem Buch, die sogenannte höhere Mathematik voraussetzt.)

Mit der Vereinbarung $0 \log 0 = 0$ kann daher die Definition der Entropie sinnvoll auf Nachrichtenquellen, bei denen manche Nachrichten unmöglich sind, ausgedehnt werden.

2.2 Herr Messner von der Universität Ulm hat die Häufigkeiten der Buchstabenpaare (Bigramme) in Winnetou 1 analysiert.

	A	B	C	D	E	F	G	H	I	J	K	L	M	N	O	P	Q	R	S	T	U	V	W	X	Y	Z
A	23	450	324	71	493	67	261	155	27	2	14	472	218	970	2	53	-	464	751	326	704	23	65	0	1	24
B	92	1	0	15	1131	1	22	6	119	1	3	112	6	7	30	0	-	127	54	96	57	1	13	-	0	7
C	4	-	0	-	1	-	-	3451	1	-	213	0	-	-	6	-	-	5	-	-	-	0	-	-	0	-
D	864	37	5	153	1880	27	45	40	779	10	20	42	45	42	105	7	1	88	161	18	207	28	95	-	5	31
E	220	443	246	497	272	275	450	705	2179	23	163	664	521	4173	26	44	3	3499	1567	595	470	85	326	3	4	116
F	199	10	0	72	337	87	21	6	60	3	6	60	22	13	102	2	-	125	27	90	188	4	17	-	-	12
G	188	14	-	54	1571	11	29	20	77	4	17	103	18	32	17	1	0	139	95	193	104	12	30	-	0	17
H	821	65	1	233	1096	40	89	92	387	18	43	198	260	384	216	12	1	556	182	784	167	55	177	-	-	55
I	37	43	1728	122	1491	43	328	471	17	2	11	180	138	1754	52	7	-	519	465	483	18	6	10	0	0	18
J	94	-	-	-	90	-	-	-	0	-	-	-	-	-	-	-	1	-	-	-	16	-	-	-	-	-
K	128	5	1	9	345	2	7	4	60	-	6	93	2	15	222	1	-	51	23	89	66	3	10	-	0	8
L	315	86	150	126	647	19	55	19	486	2	15	460	22	41	76	7	-	3	245	274	118	13	28	-	5	21
M	305	34	0	68	587	23	48	57	546	8	23	43	242	29	79	40	1	27	96	65	153	19	56	-	1	25
N	585	214	11	1928	1291	133	696	252	800	53	274	112	250	726	174	39	1	77	885	450	495	104	586	-	1	221
O	14	82	208	99	299	46	49	117	16	2	11	285	134	340	6	33	-	400	124	91	65	14	90	0	1	0
P	99	-	0	1	47	110	0	2	22	-	0	20	0	0	12	17	-	76	4	46	27	0	0	-	1	0
Q	18	-	-	-	217	-	0	-	70	-	-	-	-	-	-	-	302	-	-	-	-	-	0	-	-	-
R	587	192	60	675	961	178	230	238	428	30	192	170	212	383	178	29	1	122	540	420	410	89	276	-	7	154
S	390	68	654	191	1200	55	155	104	774	15	48	47	101	75	460	135	5	26	891	980	113	60	214	-	1	70
T	339	58	1	326	2023	54	115	118	387	25	36	110	125	95	168	6	0	178	336	321	238	61	264	-	1	213
U	34	90	289	80	688	290	130	66	18	3	23	48	254	1278	3	51	0	277	377	191	24	23	42	0	-	13
V	18	-	-	0	217	-	0	-	70	-	-	0	-	0	-	-	-	302	-	-	-	0	-	-	-	-
W	572	1	-	1	737	0	5	4	638	-	30	-	1	1	272	-	-	0	2	-	112	-	1	-	1	0
X	1	-	-	-	1	-	-	-	1	-	-	1	-	-	0	-	-	0	1	-	0	-	-	0	-	0
Y	2	2	0	1	2	1	1	1	1	0	0	1	1	1	5	0	-	1	2	1	1	0	2	-	0	1
Z	33	6	1	12	163	2	11	2	51	0	1	12	2	2	19	1	-	2	5	85	524	5	75	-	0	8

Tabelle 2.1: Bigrammwahrscheinlichkeiten der deutschen Sprache ermittelt an Winnetou 1. Alle Angaben erfolgen in 1000-tel Prozent, so ist z.B. die Häufigkeit des Bigramms *CH* etwa $3,451\%$. Ein Strich bedeutet, dass das entsprechende Bigramm überhaupt nicht vorkam.

Benutzen Sie die so ermittelten a priori Wahrscheinlichkeiten um die Entropie der deutschen Sprache zu schätzen. Gehen Sie dabei wie folgt vor:

Schätzen sie für jeden möglichen Buchstaben ζ die bedingte Entropie E_ζ für den nachfolgenden Buchstaben im Bigramm.

Mit

$$E = \sum_{\zeta=A}^{Z} p(\zeta)E_\zeta$$

erhalten Sie daraus eine Schätzung für die Entropie der deutschen Sprache.

2.3 Für zwei Nachrichtenquellen $\mathcal{M}_1$ und $\mathcal{M}_2$ bezeichnet $\mathcal{M} = \mathcal{M}_1 + \mathcal{M}_2$ diejenige Nachrichtenquelle, die zuerst eine Nachricht von $\mathcal{M}_1$ erzeugt und danach unabhängig von der ersten Nachricht eine Nachricht aus $\mathcal{M}_2$ erzeugt.

Zeigen Sie: $E(\mathcal{M}) = E(\mathcal{M}_1) + E(\mathcal{M}_2)$.

2.4 Zufallsvariablen X und Y heißen (stochastisch) unabhängig, wenn

$$p(X = x, Y = y) = p(X = x)p(Y = y)$$

für alle möglichen Werte x und y gilt.

Zeigen Sie: Sind die Zufallsvariablen X und Y voneinander unabhängig, so ist die wechselseitige Information $I(X, Y) = 0$.

(Vergleichen Sie dies mit den Ausführungen zum One-Time-Pad.)

3

Angriff und Verteidigung

3.1 Anwendung der Informationstheorie

Betrachten wir noch einmal das in Kapitel 1 vorgestellte System zur visuellen Kryptographie.

Das geheime Bild spielt bei der Erzeugung der Schlüsselfolie keine Rolle. Wir können die Schlüsselfolie sogar erzeugen, bevor wir wissen welches Bild später verschlüsselt werden soll. Daher kann die Schlüsselfolie alleine keine Information über das geheime Bild liefern.

Bei der Nachrichtenfolie sieht die Sache jedoch ganz anders aus. Um sie zu erzeugen, muss sowohl das geheime Bild als auch die Schlüsselfolie bekannt sein. Es stellt sich daher die Frage, wie viel Information über das geheime Bild bzw. die Schlüsselfolie in der Nachrichtenfolie enthalten ist. Wir wollen nun die Methoden aus Kapitel 2 benutzen, um diese Frage zu beantworten. Der Einfachheit halber untersuchen wir nur einen einzelnen Bildpunkt.

Auf der Schlüsselfolie müssen wir entweder die Kombination ▓ oder die Kombination ▓ wählen. Mit p bezeichnen wir die Wahrscheinlichkeit, dass wir uns für die erste Kombination entscheiden. Die zweite Kombination muss dann mit Wahrscheinlichkeit $1 - p$ auftreten.

Die Wahrscheinlichkeit, dass der betrachtete Punkt schwarz ist, sei p'. Die Wahrscheinlichkeit p' hängt von der Art der zu verschlüsselten Bilder ab und kann von uns nicht beeinflusst werden. (Näherungsweise können wir p' als den typischen Anteil dunkler Bildpunkte am Gesamtbild betrachten, d.h. bei Texten ist $p' \approx 10\%$.)

Es gibt nun vier mögliche Ereignisse: Der Punkt des geheimen Bildes kann schwarz bzw. weiß sein, und die Schlüsselfolie kann zwei verschiedene Kombinationen tragen. Die folgende Tabelle fasst diese Fälle zusammen.

Geheimes Bild	Schlüsselfolie	Nachrichtenfolie	Wahrscheinlichkeit
schwarz			$p'p$
schwarz			$p'(1-p)$
weiß			$(1-p')p$
weiß			$(1-p')(1-p)$

Wir wollen nun die wechselseitige Information zwischen der Nachrichtenfolie und dem geheimen Bild bestimmen. Um die in Kapitel 2 hergeleitete Formel (2.3) anwenden zu können, benötigen wir die Wahrscheinlichkeit, dass das geheime Bild schwarz bzw. weiß ist, die Wahrscheinlichkeit für das Auftreten von ■ bzw. ■ auf der Nachrichtenfolie sowie die Wahrscheinlichkeiten für die vier kombinierten Ereignisse.

Die Wahrscheinlichkeit für einen schwarzen bzw. weißen Punkt des Originalbildes haben wir mit p' bzw. $1 - p'$ bezeichnet. Die Wahrscheinlichkeiten für die vier kombinierten Ereignisse können direkt aus der Tabelle abgelesen werden.

Aus der Tabelle ersehen wir weiter, dass in zwei Fällen die Kombination ■ auf der Nachrichtenfolie erscheint. Zusammen haben diese Ereignisse die Wahrscheinlichkeit $p'(1-p) + (1-p')p$. Bei den beiden anderen Fällen zeigt die Nachrichtenfolie die Kombination ■ . Die Wahrscheinlichkeit dieser Fälle ist $p'p + (1-p')(1-p)$.

Setzen wir all diese Werte in die Formel (2.3) ein, so erhalten wir für die wechselseitige Information I zwischen einem Punkt der Nachrichtenfolie und dem entsprechenden Punkt des geheimen Bildes die folgende Formel:

$$
\begin{aligned}
I = {}& p'p \log_2 \frac{p'p}{p'[p'p + (1-p')(1-p)]} + \\
& p'(1-p) \log_2 \frac{p'(1-p)}{p'[p'(1-p) + (1-p')p]} + \\
& (1-p')p \log_2 \frac{(1-p')p}{(1-p')[(1-p')p + p'(1-p)]} + \\
& (1-p')(1-p) \log_2 \frac{(1-p')(1-p)}{(1-p')[(1-p')(1-p) + p'p]}
\end{aligned}
$$

Stellen wir I in Abhängigkeit von p und p' graphisch dar, so sehen wir dass I im Bereich $0 < p' < 1$ genau dann 0 wird, wenn $p = \frac{1}{2}$ ist. Je weiter p von $\frac{1}{2}$ abweicht, desto größer wird die wechselseitige Information.

In Kapitel 2 haben wir ein Verfahren als absolut sicher bezeichnet, wenn die verschlüsselte Nachricht keine Information über den geheimen Text liefert. Unsere Rechnung zeigt, dass das Verfahren zur visuellen Kryptographie absolut sicher ist, wenn wir auf der Schlüsselfolie für die beiden Kombinationen

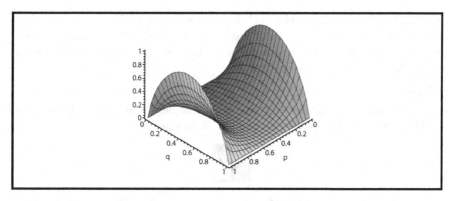

Abb. 3.1: Die Wechselseitige Information zwischen der Nachrichtenfolie und dem geheimen Bild

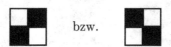

jeweils Wahrscheinlichkeit $\frac{1}{2}$ wählen. In diesem Fall wird niemand ohne Kenntnis der Schlüsselfolie in der Lage sein, das geheime Bild zu ermitteln.

Andererseits ist die wechselseitige Information in allen anderen Fällen größer als 0. Dies bedeutet, wenn es uns nicht gelingt die beiden Kombinationen auf der Schlüsselfolie echt zufällig und in jedem Punkt voneinander unabhängig mit der Wahrscheinlichkeit $\frac{1}{2}$ zu wählen, liefert die Nachrichtenfolie eine Information über das geheime Bild. Ein cleverer Angreifer wird dann unter Umständen in der Lage sein, aus der Nachrichtenfolie alleine das geheime Bild zu rekonstruieren. Wie so etwas gehen könnte, wollen wir im restlichen Teil dieses Kapitels untersuchen.

3.2 Abweichungen von der Gleichverteilung

Nehmen wir einmal an, dass auf der Schlüsselfolie die beiden Kombinationen

 und

nicht gleichhäufig vorkommen. Statt dessen tritt die erste Variante nur in etwa ein Drittel der Fälle auf.

Dies bedeutet jedoch für die andere Folie, dass ein heller Punkt nur in einem von drei Fällen durch ▪ codiert wird und in 2/3 der Fälle die Codierung ▪ benutzt wird. Bei einem dunklen Punkt ist dies genau umgekehrt.

Ein Angreifer, kann die Folie einscannen und alle Punkte einzeln untersuchen. Sieht er die Kombination ▪ rät er, dass der geheime Bildpunkt weiß ist, bei rät er, dass der geheime Bildpunkt schwarz ist. Natürlich sind nicht all diese Vermutungen richtig, aber das so erzeugte Bild wird in etwa 2/3 aller Punkte mit dem Original übereinstimmen. Dies ist vollkommen ausreichend, um das Bild erkennen zu können.

Beispiel

Wir führen den oben beschriebenen Angriff am Beispiel des Sherlock Holmes Bildes vor. Dabei wird die Wahrscheinlichkeit p für die Kombination

auf der Schlüsselfolie von 0 bis 0.5 variiert. Das Ergebnis der Rekonstruktion sieht dann jeweils wie folgt aus:

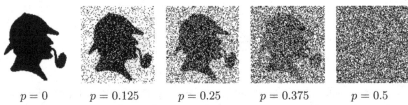

$p = 0$ $\qquad$ $p = 0.125$ $\qquad$ $p = 0.25$ $\qquad$ $p = 0.375$ $\qquad$ $p = 0.5$

Bei $p = 0$ lässt sich geheime Bild komplett rekonstruieren. Bei $p = 0.5$ besteht die Rekonstruktion nur noch aus Rauschen, dass keine Information über das geheime Bild enthält. (Genau dies haben wir schon gezeigt.) Zwischen diesen beiden Extremen kann man das geheime Bild nicht mehr vollständig rekonstruieren. Das rekonstruierte Bild ist immer noch etwas verrauscht, aber für kleine p noch gut zu erkennen.

Im Beispiel mit $p = 0.375$ ist das Bild bereits sehr schlecht zu erkennen. Aber man sollte nicht die Möglichkeiten guter Bildbearbeitungssysteme unterschätzen.

Zum Beispiel liegen im ursprünglichen Bild in der Nähe eines hellen bzw. dunklen Bildpunktes mit hoher Wahrscheinlichkeit nur Punkte der gleichen Farbe. Untersucht man im rekonstruierten Bild ein Quadrat von 5×5 Punkten, so kann man mit hoher Wahrscheinlichkeit davon ausgehen, dass ursprünglich entweder alle Punkte weiß oder alle Punkte schwarz waren. In dem rekonstruierten Bild ist im Mittel die Anzahl der Punkte, die die falsche Farbe haben, nur $p \cdot 25$. Da $p < 0.5$ ist können wir erwarten, dass die Mehrheit der Punkte die richtige Farbe hat. Wir werden uns bei dieser Strategie nur mit der Wahrscheinlichkeit

$$\sum_{i=0}^{12} \binom{25}{i} p^i (1-p)^{25-i}$$

irren. Ist z.B. $p = 0.375$, so ist die Fehlerwahrscheinlichkeit nur 0.1. Dies ist deutlich kleiner als p, d.h. das Bild wird durch diese Operation noch deutlicher. Diese Technik ein Bild zu verbessern nennt man *Medianfilter*.

In dem freien Bildbearbeitungsprogramm ImageMagick ist ein Medianfilter bereits integriert (`convert -median 2`). Damit kann man das verrauschte Bild wie folgt verbessern.

Abb. 3.2: Auswirkung eines Median-Filters

Weitere Verbesserungen lassen sich z.B. erreichen, wenn der Angreifer vorab Informationen über das Bild hat. Wenn man weiß, dass ein Text dargestellt wird und auch die verwendete Schrift raten kann, kann man der Reihe nach versuchen, alle Buchstaben in das verrauschte Bild einzupassen.

Nach meinen Erfahrungen lässt sich das geheime Bild auch dann noch rekonstruieren, wenn die Wahrscheinlichkeit für ▓ auf der Schlüsselfolie nur um 0.05 von der Gleichverteilung abweicht.

Das Programm **vis-crypt** erzeugt standardmäßig beide Kombinationen mit der Wahrscheinlichkeit 0.5. Will man den hier beschriebenen Angriff testen, so muss man es auf der Kommandozeile mit einem Parameter $0 < p < 0.5$ starten also, z.B. `vis-crypt 0.35`.

Die Analyse kann mit dem Programm **analyse** erfolgen.

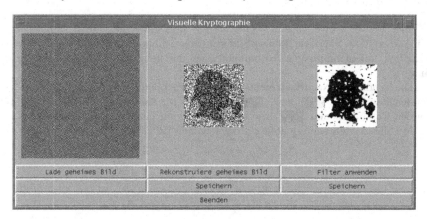

Mit dem Knopf (Filter anwenden) kann man den oben erwähnten Median-Filter zur Verbesserung des rekonstruierten Bildes aufrufen. Kompliziertere Filter sind in das Programm nicht eingebaut. Aber man kann das rekonstruierte Bild abspeichern und dann in einem beliebigen Bildbearbeitungsprogramm weiter verwenden.

Eine Abweichung in der Häufigkeit zwischen den beiden Kombinationen ▧
und ▧ ist nicht das einzige Problem, das die Sicherheit des Systems gefähr-
den kann. Angenommen wir erzeugen die Zufallszahlen für unsere Entscheidung durch den Wurf einer fairen Münze. Die Abwurfstärke der Münze bleibt
zwischen den Würfen etwa immer die gleiche. Sagen wir z.B. durch unser
routiniertes Werfen dreht sich die Münze mit sehr hoher Wahrscheinlichkeit
10-mal bevor sie landet. Dies bedeutet, dass aufeinanderfolgende Münzwürfe
nicht voneinander unabhängige Ergebnisse liefern.

Für die folgenden Betrachtungen wollen wir annehmen, dass nach der
Kombination ▧ diese Kombination mit der Wahrscheinlichkeit 0.9 noch einmal gewählt wird. Dasselbe gilt auch für die Kombination ▧ . (Die Wahrscheinlichkeit 0.9 ist relativ hoch angesetzt. In der Realität werden wir, wenn
überhaupt, eher eine Abweichung in dem Bereich von 0.6 bis 0.7 finden. Aber
zum Üben betrachten wir zunächst einmal diesen extremen Fall.)

Trotzdem sind auf der Schlüsselfolie beide Kombinationen gleich häufig
vertreten. Die oben beschriebene Analysemethode, die eine unterschiedliche
Häufigkeit der Kombinationen ausnutzte, wird daher kein brauchbares Ergebnis liefern.

Der Angreifer kann das geheime Bild jedoch relativ leicht aus der Nachrichtenfolie rekonstruieren. Er vergleicht dazu jeweils zwei aufeinanderfolgende
Punkte der Nachrichtenfolie. Zeigen beide Punkte dieselbe Kombination, d.h.
sieht er ▧▧ oder ▧▧ so kann er mit hoher Wahrscheinlichkeit davon ausgehen, dass auf dem Originalbild die Punkte entweder beide weiß oder beide
schwarz sind.

Bei zwei unterschiedlichen Kombinationen, d.h. bei ▧▧ oder ▧▧
spricht vieles dafür das im Originalbild an dieser Stelle ein Wechsel zwischen
hell und dunkel stattfindet.

Beispiel

Wir kodieren das Sherlock-Holmes-Bild mit einer Schlüsselfolie, bei der wie oben beschrieben, aufeinanderfolgende Kombinationen mit hoher Wahrscheinlichkeit gleich
sind.

Die so erzeugte Nachrichtenfolie wird dann wie oben beschrieben analysiert. Bei
den Kombinationen ▧▧ bzw. ▧▧ markieren wir die betreffende Stelle weiß und
bei den Kombinationen ▧▧ bzw. ▧▧ setzen wir eine schwarze Markierung.

Mit dieser Methode erhalten wir das folgende Bild:

Man erkennt deutlich die Umrisse des Kopfes von Sherlock Holmes. Die einzige
Information, die uns noch über das Originalbild fehlt, ist, ob der Kopf in weiß auf
schwarz oder in schwarz auf weiß abgebildet wurde.

3.3 Pseudozufallszahlen

Die Beobachtungen des letzten Abschnitts zeigen uns, dass jede Abweichung von der Gleichverteilung das System deutlich schwächt. Wir müssen daher bei der Erzeugung der Schlüsselfolie die Verteilung so zufällig wie nur möglich machen.

Ein gangbarer Weg wäre für jeden Bildpunkt einen Würfel zu werfen und bei 1 − 3 das eine Muster und bei 4 − 6 das andere Muster zu wählen. Gegen diese Methode spricht jedoch zweierlei. Zum einen ist sie sehr langsam, da wir bei einem typischen Bild etwa 20000 Würfe bräuchten. Wir würden diese Aufgabe gerne von einem Computer ausführen lassen. Zum anderen sind normale Spielwürfel nicht besonderes gute Erzeuger von Zufallszahlen. Die durch die abgerundeten Kanten entstehenden Ungenauigkeiten können bereits zu messbaren Abweichungen von der Gleichverteilung führen. Dazu kommt, dass durch die eingeprägten Punkte die Seite mit der 6 leichter ist als die mit der 1, was zu weiteren Ungenauigkeiten führt. (Casinos verwenden daher Würfel ohne abgerundete Kanten, bei denen die Punkte durch ein Material mit derselben spezifischen Dichte wie im Rest des Würfels gefüllt wurden. Die Würfel werden in regelmäßigen Abständen ausgetauscht, um Abweichungen, die durch Gebrauchsspuren entstehen, zu vermeiden.)

Will man Zufallszahlen mit einem Computer erzeugen, so kann man z.B. Spannungsschwankungen oder radioaktiven Zerfall als Zufallsquelle benutzen. Manche der frühen Computer enthielten zu diesem Zweck ein Gerät zur Messung der kosmischen Strahlung. 1955 veröffentliche die Rand Coperation ein Buch mit dem Titel „A Million Random Digits with 100,000 Normal Derivations". Dieses Buch enthält eine Tabelle mit einer Millionen Zufallsziffern die durch ein elektronisches Rouletterad erzeugt wurden. Allerdings sind solche Geräte relativ langsam und wartungsaufwendig. Daher werden sie heute nur noch selten benutzt.

Eine Alternative ist, mit einem der oben beschriebenen physikalischen Zufallsgeneratoren viele Zufallszahlen im Voraus zu erzeugen und diese auf eine CD-Rom zum späteren Gebrauch abzuspeichern. Eine solche CD-Rom kann man sich z.B. unter http://stat.fsu.edu/pub/diehard besorgen.

Im Allgemeinen verzichtet man heute jedoch auf echte physikalische Zufallszahlen, sondern erzeugt über einen deterministischen Prozess eine Folge von Pseudozufallszahlen. Mit den Worten von R. R. Coveveyou, einem Mathematiker am Oak Ridge National Laboratory:

Zufallszahlen sind zu wichtig, als dass man sie dem Zufall überlassen dürfte.

Dazu berechnet man mit einer geeigneten Funktion f zu einem Startwert x_0, die Folge $x_0, x_1, x_2, \ldots$ durch

$$x_{i+1} = f(x_i) \ .$$

Bei einer geeigneten Wahl von f sieht die Folge $(x_i)_{i\in\mathbb{N}}$ sehr zufällig aus. Was dies heißen soll ist gar nicht so klar. Jeder wird die Folge 1011000101 für zufälliger halten als die Folge 000000000. Aber beide treten in einer echten Zufallsfolge mit der Wahrscheinlichkeit 2^{-10} auf.

Viele Autoren haben sich an der Definition einer Zufallsfolge versucht, aber eine wirklich befriedigende Definition steht noch aus. Zum Beispiel schreibt Lehmer (1951) [22]:

> *Eine Zufallsfolge ist ein vager Begriff, der die Idee einer Folge beschreibt, die in jedem Schritt für den Uneingeweihten unvorhersehbar ist und deren Ziffern eine gewisse Anzahl von statistischen Tests, die irgendwie von dem vorgesehenen Einsatz der Folge abhängen, bestehen.*

Wir wollen an dieser Stelle erst gar nicht den Versuch machen, eine strenge Definition einer Pseudozufallsfolge zu erreichen, sondern begnügen uns mit der vagen Vorstellung, von der Lehmer spricht. Der interessierte Leser findet eine sehr ausführliche Darstellung dieses Themas in [21].

Ohne uns weitere Gedanken über die Grundlagen zu machen, wollen wir uns nun einige Verfahren zur Erzeugung von Pseudozufallsfolgen ansehen.

Ein solches Verfahren wurde bereits von dem Pionier der Informatik J. von Neumann vorgeschlagen.

Konstruktion 3.1

Von-Neumanns-Zufallsgenerator

Starte mit einer n stelligen Zahl x. Die nächste Zahl der Folge erhält man, indem man x quadriert und von der so berechneten $2n$-stelligen Zahl die mittleren n Stellen betrachtet. Diese Operation kann beliebig oft wiederholt werden, um weitere Pseudozufallszahlen zu erzeugen.

Dieses Verfahren ist nicht allzu schlecht. Startet man zum Beispiel mit $x = 3817$ so erhält man der Reihe nach die Zahlen:

5694, denn $3817^2 = 14\underline{5694}89$

4216, denn $5694^2 = 32\underline{4216}36$

usw.

Die Folge 381756944216... erscheint bereits recht zufällig.

Allerdings ist das Verfahren auch nicht besonderes gut, denn für 3792 erhält man wegen $3792^2 = 14\underline{3792}64$ die nicht sehr zufällig wirkende Folge 379237923792.... Dies ist nicht die einzige Schwäche dieses Pseudozufallsgenerators (siehe z.B. Aufgabe 3.7). Trotzdem wurde von Neumanns Verfahren in einigen der älteren Implementierungen benutzt.

Ein neueres und besseres Verfahren ist die Methode der linearen Kongruenzen.

Konstruktion 3.2

Lineare-Kongruenzen-Methode

Das Verfahren hängt noch von drei Parametern $a, c, m \in \mathbb{N}$, $a, c < m$ ab. Als Startwert x_0 der Pseudozufallsfolge kann eine beliebige natürliche Zahl zwischen 0 und $m - 1$ gewählt werden. x_{i+1} erhält man aus x_i, in dem man den Rest von $ax_i + c$ bei Division durch m berechnet. Man sagt auch x_{i+1} ist kongruent zu $ax_i + c$ modulo m und schreibt:

$$x_{i+1} = ax_i + c \bmod m$$

Die Kunst einen guten Zufallsgenerator zu entwerfen, besteht bei dieser Methode darin, gute Parameter a, c und m zu wählen. Dies ist ein schwieriges Problem, über das schon ganze Bücher geschrieben wurden. Eine sehr gute Einführung liefert [21]. Eine gute Wahl für a, c und m ist zum Beispiel, $a = 48271$, $c = 0$ und $m = 2^{31} - 1 = 2147483647$.

Ein gut gewählter Linearer-Kongruenzen-Generator liefert eine Pseudozufallsfolge, die (fast) allen statistischen Ansprüchen genügt. Da das Verfahren zudem einfach und effizient implementiert werden kann, ist es heute weit verbreitet. Praktisch alle modernen Programmiersprachen benutzten einen Linearen-Kongruenzen-Generator zum Erzeugen von Zufallszahlen.

So gut diese Generatoren auch für statistische Simulationen sind, für die Kryptographie sind sie nicht brauchbar. Ein Problem ist, dass mit der Linearen-Kongruenzen-Methode nur m verschiedene Zufallsfolgen erzeugt werden können. Ein Angreifer muss nur alle m möglichen Startwerte durchprobieren, um die verwendete Pseudozufallsfolge zu finden. Da in den meisten Implementierungen $m \approx 2^{32}$ ist, geht dies sehr schnell.

Beispiel

Die Programmiersprache Perl benutzt einen Pseudozufallsgenerator, der nur 2^{32} verschiedene Folgen generieren kann. Man kann für all diese Startwerte jeweils die ersten 128 Bit der Zufallsfolge erzeugen und in einer Datenbank abspeichern. Der Platzbedarf liegt bei etwa 43 GByte, das ist zwar nicht wenig, passt jedoch bequem auf eine handelsübliche Festplatte. Auch der Zeitaufwand bleibt mit etwa 45 Tagen Rechenzeit noch im vertretbaren Rahmen.

Wenn jemand das Programm auf der CD zum Verschlüsseln eines Bildes benutzt, braucht man sich nur noch die erste Zeile des geheimen Bildes anzusehen. Vermutlich sind alle Punkte der ersten Zeile hell. (Normalerweise sitzt das Bildmotiv etwa in der Mitte und ist von einem weißen Rahmen umgeben.) Man kann also aus der Abfolge der beiden Kombinationen ▘▖ und ▗▝ auf die ersten Glieder der verwendeten Pseudozufallsfolge schließen. Die Datenbank liefert dem Benutzer alle möglichen Startwerte, die dieses Anfangsstück erzeugen können. Normalerweise ist der Startwert durch das Anfangsstück bereits eindeutig bestimmt. Mit etwas Pech muss man noch 2 oder 3 Möglichkeiten ausprobieren.

Außer der zu geringen Anzahl von möglichen Pseudozufallsfolgen hat die Methode der linearen Kongruenzen noch weitere Nachteile, die sie für den Einsatz in der Kryptographie ungeeignet machen. Sind a, c und m bekannt, so ist die Folge x_i bereits komplett vorhersagbar, sobald nur ein einziger Wert der Folge bekannt wird (und dies geschieht meist früher als einem lieb sein kann). Da a, c und m in der verwendeten Programmbibliothek vorgegeben sind, müssen wir auch davon ausgehen, dass der Angreifer diese Werte kennt.

Aber selbst wenn wir die Werte a, c und m geheimhalten könnten, kann von Sicherheit keine Rede sein. Denn für vier aufeinanderfolgende Folgenglieder $x_n, x_{n+1}, x_{n+2}, x_{n+3}$ ist m ein Teiler von

$$(x_{n+2} - x_{n+1})^2 - (x_{n+1} - x_n)(x_{n+3} - x_{n+2}) \ .$$

Ein Angreifer kann diese Beziehung benutzen, um m aus der Folge x_i zu bestimmen. Ist m erst einmal bekannt, so erhält man a und c als Lösung des linearen Gleichungssystems $x_{n+1} = ax_n + c \bmod m$ und $x_{n+2} = ax_{n+1} + c \bmod m$.

Selbst wenn wir nicht die gesamte Folge x_i nutzen, sondern z.B. immer nur die ersten k Bits von x_i wird das System nicht wesentlich sicherer, wie die Kryptologen Frieze, Hastad, Kannan, Lagarias und Shamir in einer Arbeit von 1988 [11] demonstrierten.

Es stellt sich an dieser Stelle die Frage, warum praktisch alle Programmiersprachen ihre Zufallszahlen mit der Methode der linearen Kongruenzen erzeugen. Wissen denn die Entwickler nicht, dass diese Methode für die Kryptographie unbrauchbar ist? Die Antwort lautet: Natürlich kennen die Entwickler von Programmiersprachen die Grenzen der Linearen-Kongruenzen-Methode. Aber der Zufallsgenerator einer Programmiersprache ist auch nicht für den Einsatz in der Kryptographie entworfen worden, sondern für statistische Simulationen, probabilistische Algorithmen, Erzeugung von Testvektoren etc. In diesen Bereichen leistet die Methode der linearen Kongruenzen hervorragende Arbeit und ist praktisch nicht mehr wegzudenken.

In der Kryptographie müssen wir jedoch zu etwas komplizierteren Methoden greifen, die unter dem Namen Strom- bzw. Flusschiffren bekannt sind. Es würde den Rahmen dieses Buches sprengen auf diese Verfahren im Detail einzugehen. (Eine gute Einführung findet man in [30].) In vielen Programmiersprachen gibt es neben der gewöhnlichen Random-Funktion noch eine Funktion mit einem Namen wie `securerand`, die einen kryptographisch sicheren Pseudozufallsgenerator zur Verfügung stellen. Da die zu diesem Buch gehörenden Programme jedoch lediglich zur Demonstration dienen, habe ich bei ihnen auf solche aufwendigeren Pseudozufallsgeneratoren verzichtet. (Für all diejenigen, die Programme in dieser Hinsicht verbessern wollen: In Perl findet man „sichere" Pseudozufallsgeneratoren in der Bibliothek `OpenSSL::Rand`.)

3.4 Mehrfache Verschlüsselung

Wir haben bereits gesehen, dass eine Folie alleine keine Information über das verschlüsselte Bild liefert. Aber was passiert, wenn wir die Schlüsselfolie mehrfach verwenden? Bei dem Beispiel mit der Kreditkarte soll die Schlüsselfolie ja nicht nach jedem Einsatz gewechselt werden. Stattdessen wechselt zwischen zwei Einsätzen nur das geheime Bild und die Anzeige des Automaten.

Beispiel

Nehmen wir an, dass die beiden folgenden Bilder mit der rechts abgebildeten geheimen Folie (Folie 1) verschlüsselt werden sollen.

Die zugehörigen verschlüsselten Bilder (Folien 2 und 3) liefern allein keine Information über das geheime Bild. Besitzt der Angreifer jedoch beide Folien, so kann er sie übereinanderlegen und sieht das folgende Bild (unten rechts).

Man erkennt deutlich die Differenz der beiden geheimen Bilder.

Um zu verstehen was im Beispiel passiert ist, betrachten wir einen einzelnen Bildpunkt. Nehmen wir zum Beispiel an, dass die Schlüsselfolie an dieser Stelle die Kombination ▞ zeigt und dass die beiden geheimen Bilder an dieser Stelle schwarz sind. Die beiden geheimen Bilder müssen dann wie folgt beschaffen sein.

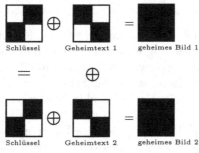

Geht man alle Möglichkeiten durch, so erkennt man, dass die beiden Nachrichtenfolien unabhängig von der Kombination auf der Schlüsselfolie genau dann die gleiche Kombination aufweisen, wenn an dieser Stelle die beiden geheimen Bilder entweder beide weiß oder beide schwarz sind. In diesen Fällen liefert das Übereinanderlegen eine hellgraue Fläche. Falls eines der geheimen Bilder weiß und das andere schwarz ist, werden die beiden Nachrichtenfolien unterschiedliche Kombinationen tragen, d.h. das Übereinanderlegen der Nachrichtenfolien liefert eine komplett schwarze Fläche. Dies führt dazu, dass man aus beiden Nachrichtenfolien, wie im Beispiel zu sehen, die symmetrische Differenz der geheimen Bilder rekonstruieren kann.

Das Beispiel kann ebenfalls mit dem Programm **vis-crypt** erzeugt werden. Dazu verschlüsseln Sie zunächst das erste Bild genau wie in Kapitel 1 besprochen. Laden Sie nun das zweite Bild über den Knopf (Lade geheimes Bild). Im Beispiel wäre dies das Bild `questionmark.png`. Anstatt jetzt eine neue Schlüsselfolie zu erzeugen, laden Sie die in Kapitel 1 erzeugte Folie über den Knopf (Lade Schlüsselfolie). Im Beispiel wäre dies `Folie-1.png`.

Jetzt können Sie ganz normal mit dem Verschlüsseln des Bildes fortfahren.

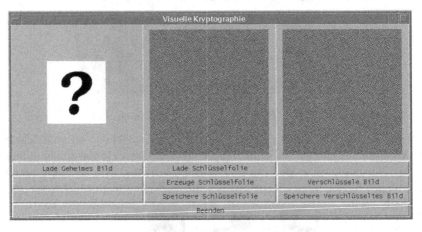

Wenn wir also visuelle Kryptographie, wie im Kreditkartenbeispiel beschrieben, zur Authentifizierung einsetzen wollen, müssen wir dieses Sicherheitsproblem lösen. Nun wissen wir aber aus Kapitel 2, dass perfekte Sicherheit nur erreicht werden kann, wenn der Schlüssel mindestens so lang wie die Nachricht ist. Auf visuelle Kryptographie übertragen bedeutet dies, dass wir perfekte Sicherheit nur erreichen können, wenn wir pro Bild eine neue Schlüsselfolie verwenden. Wenn wir mehrere Bilder mit nur einer Schlüsselfolie verschlüsseln, kann unser Ziel also keine perfekte Sicherheit sein, statt dessen wollen wir die unvermeidlichen Sicherheitslücken so klein machen, dass ein praktikabler Angriff so gut wie ausgeschlossen ist.

Die einfachste Art dies zu erreichen ist die folgende: Bevor wir ein Bild verschlüsseln, ändern wir die Farbe eines weißen Bildpunktes mit der Wahrscheinlichkeit $p = 0.5$ zu schwarz ab (siehe Abbildung 3.3).

Im obigen Beispiel würde also das Fragezeichen (links) durch die verrauschte Version (rechts) ersetzt. Dadurch sinkt der Kontrast des Originalbildes bereits auf $\frac{1}{2}$. Die Codierung mit dem visuellen Kryptographie-Schema senkt

Abb. 3.3: Absichtliches Verrauschen des Bildes

den Kontrast noch einmal, um den Faktor $\frac{1}{2}$. Der Kontrast des rekonstruierten Bildes ist daher nur noch $\frac{1}{4}$ statt wie früher $\frac{1}{2}$. Diese Kontrasteinbußen müssen wir für die erhöhte Sicherheit in Kauf nehmen.

Was bringt diese Änderung? Betrachten wir ein einfaches Beispiel:

Beispiel

Wir wollen die beiden folgenden Bilder (unten links) verschlüsseln. Tun wir dies ganz normal mit einer Schlüsselfolie, so sieht der Angreifer beim Übereinanderlegen der Nachrichtenfolien das Bild unten rechts.

Nun wenden wir den Trick mit dem vorgeschalteten Verrauschen des Bildes an, d.h. wir verschlüsseln die beiden Bilder unten links. Der Angreifer kann immer noch die Nachrichtenfolien übereinanderlegen, aber diesmal erhält er ein kaum aussagekräftiges Bild.

Die Erklärung für diese Beobachtung ist ganz einfach. Der Angreifer rekonstruiert, wie wir bereits gesehen haben, die symmetrische Differenz der ursprünglichen Bilder. Wenn wir den ursprünglich weißen Teil der Bilder durch ein zufälliges Rauschen ersetzen, bedeutet das für die symmetrische Differenz, dass der gesamte Bereich, in dem mindestens eins der beiden Bilder weiß ist, durch ein zufälliges Rauschen ersetzt wird. Einzig und allein der (relativ kleine) Bereich, in dem beide Bilder schwarz sind, ist als helle Stelle erkennbar.

Handelt es sich bei den verschlüsselten Bildern um Text, so wird der Bereich, in dem beide schwarz sind, in der Regel sehr klein sein. Wenn wir den Text nicht immer an der gleichen Stelle des Gesamtbildes platzieren, sondern ihn einmal oben links, ein anderes Mal unten rechts anordnen usw., kann der Überschneidungsbereich weiter reduziert werden. Ein erfolgreicher Angriff wird dann statt zwei Nachrichten, deutlich mehr als 10 Nachrichten benötigen. Wenn wir nun noch berücksichtigen, dass im Beispiel mit der Kreditkarte ein betrügerischer Automat nicht immer dieselbe Kreditkarte zu sehen bekommt, so erkennen wir, dass die oben beschriebene Methode einen Angriff praktisch unmöglich macht.

3.4.1 Der Friedman-Angriff

Der Effekt, dass durch die Wiederverwendung des Schlüssels die Sicherheit des Systems verloren geht, tritt nicht nur bei visueller Kryptographie auf, sondern findet sich in der gleichen Form auch bei dem in Abschnitt 2.2 besprochenen One-Time-Pad. Sollte jemand bei einem One-Time-Pad den Schlüssel ein zweites Mal benutzen, so kann der Angreifer die XOR-Verknüpfung der Geheimtexte berechnen und erhält als Ergebnis die XOR-Verknüpfung der beiden Nachrichten. Aus dieser Information lassen sich die Nachrichten rekonstruieren. Der erste, der dies bemerkte, war der Kryptologe William Friedman. Er beschrieb den heute nach ihm benannten Angriff in seiner 1918 veröffentlichten Arbeit „Methods for the Solution of Running-Key Chipers" [10].

Wir beschreiben seine Methode am Beispiel der schon in Kapitel 1 erwähnten Variante der Vigenère-Chiffre, bei der als „Schlüsselwort" ein sehr langer Text genommen wird.

Die Methoden aus Kapitel 1 (Schlüssellänge mit Kasiki-Test bestimmen und anschließend die Geheimtextäquivalente von e suchen) versagen bei dieser Variante, da der Schlüssel nicht periodisch ist. Trotzdem kann von Sicherheit keine Rede sein.

Betrachten wir zum Beispiel den folgenden Geheimtext (Übung Nr. 122 in [13]), der durch Addition von zwei englischen Texten entstanden ist.

```
ARUNN INGKE YSOQM AVQXK LUERS ZSSRF AHAIV XWETN
KZQNV RAGWV ETFWN LKATA IBSZU HPEXU BWWAS PNFFC
```

Wir nehmen an, dass wir in der Lage sind einige Worte, die in dem Geheimtext vorkommen, zu erraten. Dies ist nicht besonders unwahrscheinlich, da ein Angreifer in aller Regel über den Kontext, in dem die Nachricht gesendet wurde, Bescheid weiß. Bei modernen Anwendungen sind z.B. das verwendete Netzwerkprotokoll und die dazu gehörenden Anfangs- und Endfloskeln bekannt. In unserem Beispiel vermuten wir, dass die Wörter sent, agent, stop und impregnated im Geheimtext enthalten sind (Tipp des Aufgabenstellers).

Wir nehmen eines dieser geratenen Nachrichtenwörter und berechnen für alle möglichen Positionen den potenziellen Schlüssel. Da wir wissen, dass der Schlüssel ebenfalls ein sinnvoller Text ist, erkennen wir die Position an der das untersuchte Wort in der Nachricht auftaucht an der Tatsache, dass der potenzielle Schlüssel an dieser Stelle ein sinnvoller Text ist. Im Beispiel testen wir das Wort impregnated. Dazu stellen wir das folgende Diagramm auf.

Zunächst ziehen wir von jedem Zeichen des Geheimtextes i ab. Dieser Text kommt in die erste Zeile. In der zweiten Zeile steht der Geheimtext minus m usw.

```
sjmffafycwqkgiesnipcdmwjkrkkjxszsanpowlfcr ...
ofibbwbuysmgceaojelyzisfgnggftovowjlkshbyne ...
lcfyytyrvpjdzbxlgbivwfpcdkddcqlsltgihpeyvkby ...
jadwwrwptnhbxzvjezgtudnabibbaojqjregfncwtizwe ...
wnqjjejcgauokmiwrmtghqanovoonbwdwertsapjgvmjrn ...
ulohhchaeysmikgupkrefoylmtmmlzubucprqynhetkhplu ...
nehaavatxrlfbdznidkxyhrefmffesnunvikjrgaxmdaient ...
arunningkeysoqmavqxkluerszssrfahaivxwetnkzqnvragw ...
hybuupunrlfzvxthcxersblyzgzzymhohpcedlaurgxucyhndc ...
wnqjjejcgauokmiwrmtghqanovoonbwdwertsapjgvmjrnwcsra ...
xorkkfkdhbvplnjxsnuhirbopwppocxexfsutbqkhwnksoxdtsbq ...
```

Man beachte, dass die Zeilen jeweils, um einen Buchstaben gegeneinander verschoben sind. In diesem Diagramm suchen wir in den Spalten nach sinnvollem (englischem) Text. Gegen Ende des Geheimtextes werden wir fündig.

```
... wlfcrifnjsyonwLxofdcslsatkrmzhwpmtooskhfxxu
... hbynebjfoukjshTkbzyohowpgnivdslipkkogdbttq
... yvkbygclrhgpeqHywvleltmdkfsapifmhhldayqqn
... tizweajpfencofWutjcjrkbidqyngdkffjbywool
... vmjrnwcsrapbsjHgwpwexovqdlatqxssswoljbby
... khpluaqpynzqhfEunucvmtobjyrovqqumjhzzw
... aientjirgsjayxNgnvofmhucrkhojjnfcassp
... vragwvetfwnlkaTaibszuhpexubwwaspnffc
... yhndclamdusrhaHpizgbowlebiddhzwummj
... wcsrapbsjhgwpwExovqdlatqxssswoljbby
... dtsbqctkihxqxfYpwremburyttxpmkccz
```

Wir dürfen daher davon ausgehen, dass das Wort impregnated mit dem 52-ten Zeichen des Geheimtextes beginnt. Das heißt TFWNLKATAIBSZ steht für impregnated und der Schlüssel an dieser Stelle lautet lthwhenthey. Auf diese Weise können wir wahrscheinliche Worte im Geheimtext und die dazugehörigen Schlüsselteile identifizieren. Sollte der Schlüssel irgendein sehr bekannter Text sein, wie etwa aus der Bibel, Genesis, werden wir ihn an dieser Stelle wahrscheinlich schon erraten.

Aber auch wenn wir den Schlüssel nicht erraten können, sind wir schon sehr weit gekommen. Im obigen Beispiel wissen wir, dass der Schlüssel den Text ...lth when they enthält. Welches englische Wort könnte auf lth enden? Viele solche Wörter gibt es nicht. Daher raten wir, dass der Schlüssel an dieser Stelle das Wort wealth enthält. Dies gibt uns mit are drei neue Zeichen des Geheimtextes und bestätigt unsere Vermutung, dass lth das Ende von wealth sein muss. Auf diese Weise erweitern wir Schritt für Schritt die bekannten Stellen.

Man sieht, dass die Entschlüsselung zwar noch immer aufwendig, aber durchaus möglich ist. Außerdem lässt sich der Entschlüsselungsprozess automatisieren, so dass der Computer das ganze langwierige Herumprobieren übernimmt. Bei moderner ASCII-Codierung wird die Angelegenheit eher leichter. Von den 256 möglichen Zeichen sind 128 für länderspezifische Erweiterungen (Umlaute, Akzente, etc.) vorbehalten. Diese werden kaum benutzt. Von den restlichen 128 Zeichen sind 33 nichtdruckbare Steuerzeichen, die im normalen Text nicht auftauchen. Unter den druckbaren Zeichen befinden sich auch sehr exotische wie @&%~, die nur in sehr speziellen Kontexten möglich sind. All diese Besonderheiten machen es sehr leicht, geratene Textfragmente auf ihre Plausibilität hin zu überprüfen.

Sollten wir uns in der ungünstigen Lage befinden, zu Beginn keine Wörter des Geheimtextes erraten zu können, wird die Entschlüsselung etwas schwieriger. Statt plausibler Wörter testen wir nun häufige Trigramme (Kombinationen von 3 Buchstaben). So sind im Deutschen die häufigsten Trigramme (in dieser Reihenfolge) ein, ich, den, der, ten, cht und sch. Im Englischen sind the, her, his, ith und ing sehr häufig. Man wird praktisch keinen Text finden, in dem sie nicht vorkommen. Da diese Fragmente nur sehr kurz sind, werden wir Schwierigkeiten haben, ihr Auftreten im Text zu erkennen. Mit Sicherheit werden wir einige Stellen an denen sie auftreten, übersehen. Manchmal werden wir vielleicht auch fälschlicherweise auf ein Trigramm schließen und unseren Fehler erst im Laufe der weiteren Analyse bemerken. Das Wichtige ist jedoch, dass wir immer noch imstande sind, Textfragmente mit hoher Wahrscheinlichkeit zu identifizieren und diese dann Schritt für Schritt zu einem vollständigen Text zu erweitern.

Eine alternative Methode anfängliche Trigramme zu finden, beruht auf der Beobachtung, dass die neun häufigsten Buchstaben im Englischen bereits 70% des Textes ausmachen. (Dies gilt analog auch für andere Sprachen.) Also wird annähernd 50% des Geheimtextes als Summe zweier häufiger Zeichen entstehen. Wir untersuchen nun immer drei aufeinanderfolgende Zeichen des Geheimtextes und überlegen, ob sich diese Zeichen als Summe zweier plausibler Trigramme von häufigen Buchstaben ergeben können.

Wir betrachten den entsprechenden Ausschnitt des Vigenère-Tableaus:

	e	t	a	o	n	i	s	r	h
e	I	X	E	S	R	M	W	V	L
t	X	M	T	H	G	B	L	K	A
a	E	T	A	O	N	I	S	R	H
o	S	H	O	C	B	W	G	F	V
n	R	G	N	B	A	V	F	E	U
i	M	B	I	W	V	Q	A	Z	P
s	W	L	S	G	F	A	K	J	Z
r	V	K	R	F	E	Z	J	I	Y
h	L	A	H	V	U	P	Z	Y	O

Betrachten wir nun die ersten drei Zeichen des Geheimtextes ARU. Das A kann man durch t+h, a+a, n+n, i+s erhalten, das R durch e+n und a+r und das U nur als n+h. Wir können daher $\frac{1}{2} \cdot 8 \cdot 4 = 16$ Paare von Trigrammen häufiger Buchstaben bilden, die als Summe ARU ergeben. Doch nur die Kombination inh + sen = ARU ist plausibel. Wir raten, dass die ersten drei Zeichen der Nachricht und des Schlüssels inh und sen sind.

Für das Trigramm RUN, das aus dem zweiten bis vierten Zeichen des Geheimtextes besteht, erhalten wir nur acht mögliche Trigrammpaare. Keines dieser Paare besteht aus zwei für das Englische typischen Trigrammen. Daher raten wir, dass an dieser Stelle im Klartext oder Schlüssel ein seltener Buchstabe sein muss.

Geht man auf diese Weise den ganzen Text durch, so kann man etwa 1/8 des Geheimtextes plausible Klartext/Schlüssel-Paare zuordnen. Ausgehend von diesen Stellen kann man dann den Rest der geheimen Nachricht ermitteln.

Trotz des hohen Alters des Friedman-Angriffs findet man immer wieder moderne Implementationen, bei denen er mit Erfolg angewandt werden kann. Ein Beispiel aus der jüngsten Vergangenheit ist das WEP-Protokoll, dass von der ersten Generation der WLAN-Netze verwendet wurde.

Der dort eingesetzte Verschlüsselungsalgorithmus RC4 erzeugt Pseudozufallsfolgen, die dann nach Vorbild des One-Time-Pads zur Verschlüsselung der Nachrichten benutzt werden. So wie die Parameter des WEP-Protokolls gewählt waren, konnten insgesamt nur $2^{24} = 16777216$ Pseudozufallsfolgen erzeugt werden. (Diese Aussage gilt solange sich der verwendete Geräteschlüssel nicht ändert und dies ist normalerweise sehr lange.) Wenn eine Nachricht gesendet werden soll, wird zufällig eine der 16777216 Pseudozufallsfolgen und die Nachricht damit verschlüsselt. Ein Lauscher empfängt nur Mitteilungen der Bauart „Benutze Zufallsfolge Nr. 17263" gefolgt von einer Nachricht, die aussieht, als wäre sie mit einem One-Time-Pad verschlüsselt.

Was kann der Angreifer mit dieser Information anfangen? Er kann warten bis aus Zufall zweimal dieselbe Pseudozufallsfolge gewählt wird. Dann ist er in der Situation, dass er zwei Geheimtexte kennt, die mit dem gleichen One-Time-Pad verschlüsselt wurden. Mit dem Friedman-Angriff lassen sich nun die ursprünglichen Nachrichten ermitteln.

Es bleibt noch die Frage zu klären, wie lange der Angreifer warten muss bis dies mit hoher Wahrscheinlichkeit eintritt. Viele die diese Aufgabe zum ersten Mal hören denken, dass erst nach etwa 16777216 Wiederholungen mit einer solchen Kollision zu rechnen ist. In Wirklichkeit ist bereits nach nur 12000 Nachrichten die Wahrscheinlichkeit für eine Kollision nahe an 99%. Um dies zu sehen, berechnen wir einfach die Wahrscheinlichkeit dafür, dass keine Kollision auftritt. Im ersten Schritt ist sie natürlich 1. Im zweiten ist sie $\frac{16777215}{16777216}$ und allgemein ist die Wahrscheinlichkeit, dass im i-ten Schritt keine Kollision auftritt (gegeben, dass in den vorherigen $i-1$ Schritten $i-1$ verschiedene Pseudozufallsfolgen gewählt wurden) $\frac{16777216-(i-1)}{16777216}$. Die Wahrscheinlichkeit, dass in 12000 Schritten keine Kollision auftritt ist daher

$$\prod_{i=1}^{12000} \frac{16777216 - (i-1)}{16777216} \approx 0,014 \ .$$

Man nennt dieses Phänomen *Geburtstagsparadox*, da es häufig in der folgenden Form vorgestellt wird: Was ist die kleinste Anzahl n, bei der die Wahrscheinlichkeit, dass unter n zufällig ausgewählten Personen zwei am selben Tag Geburtstag haben, mindestens 50%? Die richtige Antwort lautet $n = 23$ und nicht wie viele denken $n = 183 = \lceil 365/2 \rceil$.

Für das WEP-Protokoll bedeutet das Geburtstagsparadox, dass schon nach wenigen zehntausend Nachrichten ein Angreifer mit dem Friedman-Angriff deutliche Erfolge erzielt. Interessanterweise versuchten mehre Firmen nach dem Bekanntwerden dieser Schwachstelle, ihre Produkte durch Änderungen am zu Grunde liegenden RC4-Algorithmus zu verbessern. Dieser Versuch konnte natürlich keinen Erfolg haben, da der Friedman-Angriff die Eigenheiten des zu Grunde liegenden Pseudozufallsgenerators nicht benutzt. Diese Episode zeigt, dass auch heute die Resultate der klassischen Kryptographie noch ihre Bedeutung haben.

Aufgaben

3.1 Die Graphik in Abschnitt 3.1 zeigt, dass die wechselseitige Information zwischen der Nachrichtenfolie und dem geheimen Bild unabhängig von p immer 0 ist, wenn $p' = 0$ oder $p' = 1$ gilt, d.h. das Verfahren ist auch in diesem Fall absolut sicher.

Andererseits haben wir in Abschnitt 3.2 gesehen, wie man im Fall $p \neq \frac{1}{2}$ das geheime Bild aus der Nachrichtenfolie ermitteln kann.

Wie passen diese beiden Beobachtungen zusammen?

3.2 Berechnen Sie die wechselseitige Information zwischen der Schlüsselfolie und der Nachrichtenfolie.

Realistische Werte für die Wahrscheinlichkeit p' für einen dunklen Bildpunkt und die Wahrscheinlichkeit p für die Wahl der Kombination ▨ auf der Nachrichtenfolie sind $p' = 0.1$ und $p = 0.5$.

Für diese Werte ist die wechselseitige Information größer als 0. Wie ist dieses Ergebnbis zu interpretieren? Ist das eine Schwäche des Kryptosystems?

3.3 In Abschnitt 3.2 haben wir gesehen, dass man das geheime Bild aus der Nachrichtenfolie rekonstruieren kann, falls auf der Schlüsselfolie die beiden Kombinationen

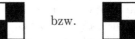

bzw.

nicht jeweils mit der Wahrscheinlichkeit 0.5 gewählt wurden. Die Analyse in Abschnitt 3.2 hatte jedoch den Nachteil, dass alle Bildpunkte einzeln untersucht werden müssen, d.h. man sollte die Folie einscannen und mit einem

Computer bearbeiten. Können Sie ein Verfahren angeben, das man auch ohne Computer durchführen kann?

3.4 Auf der Homepage des Buches finden Sie die Folien `geheim1.png` und `geheim2.png`. Bei der Erzeugung der Folien wurde auf der Schlüsselfolie die Kombination ▊ nur mit der Wahrscheinlichkeit $p = 0.2$ bzw. $p = 0.4$ gewählt. Was wurde verschlüsselt?

3.5 Bei der Erzeugung der Folie `geheim3.png` wurde eine Schlüsselfolie benutzt, bei der die aufeinanderfolgende Kombinationen mit hoher Wahrscheinlichkeit gleich sind.
Was wurde verschlüsselt?

3.6 Welche Änderungen müsste man bei dem Angriff aus Aufgabe 3.5 vornehmen, wenn auf der Schlüsselfolie aufeinanderfolgende Kombinationen mit hoher Wahrscheinlichkeit verschieden sind?

3.7 Wir haben gesehen, dass Von-Neumanns-Zufallsgenerator 3792 auf sich selbst abbildet. Dies ist nicht die einzige Zahl mit dieser Eigenschaft. Welche vierstelligen Zahlen außer 3792 sind noch Fixpunkte? Wie viele Fixpunkte gibt es, wenn man das Verfahren mit sechsstelligen Zahlen benutzt?

3.8 Auf der Homepage des Buches finden Sie die Folie `geheim4.png`. Beim Erstellen dieser Folie wurde absichtlich ein schwacher Linearer-Kongruenzen-Generator der Form $x_{neu} = 234 x_{alt} \bmod 9973$ benutzt.
Was wurde verschlüsselt?

3.9 Wäre es eine gute Idee für kryptographische Zwecke eine CD mit in Hardware generierten Pseudozufallszahlen zu verwenden, wie z.B. die schon erwähnte `http://stat.fsu.edu/pub/diehard`?

3.10 Bei der Erzeugung der Folien `sehrgeheim1.png` und `sehrgeheim2.png` wurde ebenfalls ein Fehler eingebaut, der die Rekonstruktion des geheimen Bildes ermöglicht. Diesmal wird die Natur des Fehlers allerdings nicht verraten.

3.11 Wir verschlüsseln drei Bilder mit derselben Schlüsselfolie. Bei der Verschlüsselung wurde wie in Abschnitt 3.4 beschrieben, der weiße Bereich der Originalbilder durch Rauschen ersetzt. Was sieht der Angreifer, wenn er alle drei Nachrichtenfolien übereinanderlegt? Was ist die maximale Information, die er aus den Nachrichtenfolien gewinnen kann?

3.12 Beenden Sie die Entschlüsselung von:

```
ARUNN INGKE YSOQM AVQXK LUERS ZSSRF AHAIV XWETN
KZQNV RAGWV ETFWN LKATA IBSZU HPEXU BWWAS PNFFC
```

3.13 Wie groß ist die Wahrscheinlichkeit, dass in einer Gruppe von 25 zufällig gewählten Personen mindestens zwei am selben Tag Geburtstag haben? Wie groß muss die Gruppe sein, damit diese Wahrscheinlichkeit 90% beträgt?

4

Geteilte Geheimnisse

Bei den bisher besprochenen Verfahren zur visuellen Kryptographie kamen immer zwei Folien zum Einsatz. Nun wollen wir uns fragen: Können wir visuelle Kryptographie auch mit mehr als zwei Folien betreiben?

Gefragt sei etwa: Ist es möglich, drei Folien so zu erzeugen, dass keine Folie alleine eine Information über das geheime Bild liefert, aber je zwei Folien übereinandergelegt das geheime Bild zeigen?

Dies ist in der Tat möglich, wie das folgende Beispiel zeigt:

Konstruktion 4.1

Auf jeder Folie wird ein Punkt des geheimen Bildes durch ein Muster von 3 × 3 Teilpunkten codiert. Dabei kommt jede der folgenden drei Kombinationen mit gleicher Wahrscheinlichkeit vor.

Soll ein heller Punkt codiert werden, wählen wir auf allen drei Folien die gleiche Kombination. Im codierten Bild bedeutet hell daher, dass nur 3 von 9 Teilpunkten schwarz sind.

Einen dunklen Punkt codieren wir durch unterschiedliche Kombinationen auf den drei Folien. Legen wir jetzt zwei Folien übereinander, so sehen wir zum Beispiel:

Es sind also 6 von 9 Teilpunkten schwarz. Das geheime Bild ist bei einem Unterschied von 3/9 der Teilpunkte schwarz in hellen Bereichen zu 6/9 der Teilpunkte schwarz in dunklen Bereichen noch immer gut zu erkennen.

Die dem Buch beiliegenden Folien 4, 5 und 6 geben ein Beispiel für dieses Verfahren.

4, 5, 6

Man kann sich jedoch auch eine andere Frage stellen. Ist es möglich die drei Folien so zu gestalten, dass das geheime Bild nur rekonstruiert werden kann, wenn alle drei Folien übereinandergelegt werden?

Die Antwort lautet ja, wie das folgende Verfahren zeigt.

Konstruktion 4.2

Jeder Bildpunkt wird in vier Teilpunkte zerlegt. Auf der ersten Folie sind zwei übereinanderliegende Punkte schwarz gefärbt, es wird also eins der beiden folgenden Muster verwendet:

Auf der zweiten Folie liegen die schwarzen Teilpunkte nebeneinander, d.h. man nutzt ▀▀ bzw. ▄▄ als mögliche Muster. Bei der dritten Folie werden diagonal gegenüberliegende Teilpunkte schwarz gefärbt (◪ bzw. ◪).

Die Codierung eines schwarzen Punktes erfolgt nach dem folgenden Schema:

Dabei können die Muster auf den ersten beiden Folien zufällig gewählt werden und nur das Muster auf der dritten Folie muss passend zu den beiden anderen bestimmt werden.

Die Codierung eines hellen Punktes erfolgt nach dem Schema:

Bei einem hellen Punkt sind also nur drei von vier Teilpunkten schwarz. Der Kontrast ist daher $1 - \frac{3}{4} = \frac{1}{4}$.

Legt man nur zwei Folien übereinander, sieht man eine einheitlich graue Fläche bei der jeweils drei von vier Teilpunkten schwarz sind.

Ein Beispiel für dieses Verfahren liefern die Folien 7, 8 und 9.

Allgemein kann man sich fragen, ob es für je zwei natürliche Zahlen k und n mit $k \leq n$ möglich ist, n Folien so zu konstruieren, dass das geheime Bild nur beim Übereinanderlegen von mindestens k Folien rekonstruiert werden kann.

In der Kryptographie nennt man diese Problemstellung *geteilte Geheimnisse* (engl.: secret sharing). Anwendungen für solche Verfahren sind weit verbreitet. Man denke z.B. an den Piratenfilm, in dem die Schatzkarte in drei Stücke zerschnitten wird oder an einen Tresor, der sich nur mit zwei Schlüsseln, die sich im Besitz von verschiedenen Personen befinden, öffnen lässt.

Eines der einfachsten und meistverwendeten kryptographischen Protokolle zur Geheimnisteilung basiert auf Polynomen.

Auf der Homepage des Buches finden Sie die Programme **2-aus-3** und **3-aus-3**, mit dem sie Folien nach den beiden obigen Verfahren erstellen können.

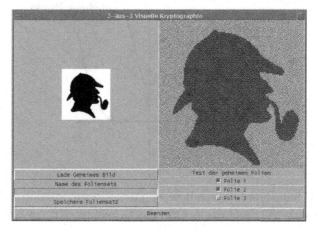

Die Programme zeigen die berechneten Foliensätze nicht einzeln an. Stattdessen kann man auf der rechten Seite auswählen, welche Folien testweise übereinandergelegt werden sollen. Ist man mit dem Ergebnis zufrieden, so kann das Folienset abgespeichert werden. Die einzelnen Folien werden im PNG-Format (portable network graphic) unter den Namen `<Basisname>-1.png`, `<Basisname>-2.png` und `<Basisname>-3.png` gespeichert.

Ein (reelles) Polynom vom Grad k ist ein Ausdruck der Form

$$f(x) = a_k x^k + \ldots + a_1 x + a_0$$

mit $a_i \in \mathbb{R}$ und $a_k \neq 0$.

Das Einzige, was wir an dieser Stelle über Polynome wissen müssen, ist, dass man durch je $k+1$ Punkte (a_0, b_0), (a_1, b_1), $\ldots$, (a_k, b_k) (mit $a_i \neq a_j$ für $i \neq j$) genau ein Polynom vom Grad höchstens k finden kann.

Konstruktion 4.3

Lagrange-Interpolation

Das eindeutige Polynom $f(x)$ vom Grad $\leq k$ durch die Punkte (a_0, b_0), (a_1, b_1), $\ldots$, (a_k, b_k) (mit $a_i \neq a_j$ für $i \neq j$) erhält man durchb

$$f(x) = \sum_{i=0}^{k} b_i \frac{(x - a_0) \cdot \ldots \cdot (x - a_{i-1}) \cdot (x - a_{i+1}) \cdot \ldots \cdot (x - a_k)}{(b_0 - a_0) \cdot \ldots \cdot (b_{i-1} - a_{i-1}) \cdot (b_{i+1} - a_{i+1}) \cdot \ldots \cdot (b_k - a_k)} .$$

Ein k-aus-n Verfahren zum Teilen von Geheimnissen arbeitet nun wie folgt:

1. Wähle ein Polynom $f(x)$ vom Grad $k-1$. Der Schnittpunkt von $f(x)$ mit der y-Achse ist das Geheimnis.

2. Jeder der n Teilnehmer erhält einen Punkt auf der Kurve $(x, f(x))$ als sein persönliches Geheimnis (G_i).

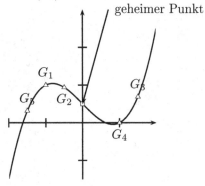

3. Jeweils k Teilnehmer können ihre Punkte benutzen, um mittels Lagrange-Interpolation $f(x)$ und damit auch das Geheimnis $f(0)$ zu bestimmen.

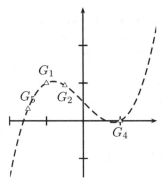

Weniger Personen etwa t, haben keine Chance das Geheimnis zu bestimmen, da es dann zu jedem Punkt P auf der y-Achse ein Polynom vom Grad $\leq t - 1$ durch ihre Punkte und P gibt.

Es handelt sich also um ein k-aus-n Verfahren. (Da Computer mit reellen Zahlen nur schwer umgehen können (Rundungsfehler), ersetzt man den Körper der reellen Zahlen in der Kryptographie durch einen endlichen Körper, z.B. GF(2^{128}). Das Schema bleibt jedoch dasselbe.)

In diesem Abschnitt wollen wir zeigen, dass für beliebiges k und n ein k-aus-n visuelles Kryptographie-Schema möglich ist. Dabei werden wir Verbindungen zu den verschiedensten Bereichen der Mathematik herstellen.

4.1 Kombinatorik

Unter Kombinatorik versteht man das Teilgebiet der Mathematik, das sich mit der Kunst des Zählens beschäftigt. Dazu gehören im Prinzip alle Fragen

der Form „Wie viele Dinge, die . . . , gibt es?" oder „Was ist die größte Anzahl
. . . ?". In der visuellen Kryptographie fragen wir uns zum Beispiel: In wie
viele Teilpunkte muss jeder Bildpunkt bei einem n-aus-n Schema mindestens
zerlegt werden?

Eines der grundlegendsten Konzepte der Kombinatorik, das auch in der
Schule behandelt wird, bilden die Binomialkoeffizienten. Der Name kommt
von der bekannten Binomischen Formel

$$(x + y)^2 = x^2 + 2xy + y^2 \ .$$

Allgemein bezeichnet man die Koeffizienten, die beim Ausmultiplizieren von
$(x + y)^n$ entstehen, als *Binomialkoeffizienten*:

$$(x + y)^n = \sum_{i=0}^{n} \binom{n}{i} x^i y^{n-i}$$

(Man liest $\binom{n}{i}$ als „n über i".)

Über die Gleichung

$$(x + y)^{n+1} = (x + y)(x + y)^n \ ,$$

also

$$\sum_{i=0}^{n+1} \binom{n + 1}{i} x^i y^{n+1-i} = (x + y) \left(\sum_{i=0}^{n} \binom{n}{i} x^i y^{n-i} \right) \ ,$$

erhält man die Identität

$$\binom{n + 1}{i} = \binom{n}{i} + \binom{n}{i - 1} \ .$$

Die Binomialkoeffizienten lassen sich mit dieser Beziehung leicht berechnen.

Dazu schreibt man die Binomialkoeffizienten in ein dreieckiges Schema (siehe Abbildung 4.1), das nach dem französischen Mathematiker BLAISE PASCAL
(1623 – 1662) benannt wurde, der 1653 eine Abhandlung „Traité du triangle
arithmétique" darüber verfasst hat. Man beginnt mit einer 1 an der Spitze.
Die Zahlen in den darunterliegenden Reihen, erhält man jeweils als Summe
der beiden direkt über ihr liegenden Zahlen. Die Einsen am Rand des Dreiecks
erhält man jeweils als Summe der darüberliegenden 1 und einer gedachten 0,
die nicht aufgeschrieben wird.

Der k-te Eintrag in der n-ten Zeile des Pascalschen Dreiecks ist $\binom{n}{k}$. (Zäh-
lung beginnt jeweils bei 0.)

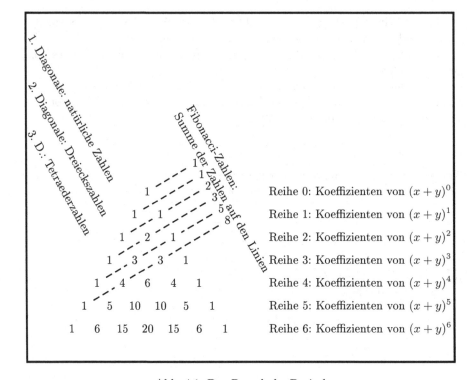

Abb. 4.1: Das Pascalsche Dreieck

Obwohl das Pascalsche Dreieck nach Pascal benannt wurde, war es schon lange vor ihm bekannt. Eine Illustration in dem chinesischen Mathematikbuch von Chu Shih-Chieh (1303 n.Chr.) zeigt bereits das Pascalsche Dreieck. Dort heißt es, dass das Dreieck aus einem noch früheren Buch von Yang Hui übernommen wurde. In China spricht man daher auch heute noch vom Yang Hui Dreieck.

Ein noch früheres Beispiel (um 1100 n.Chr.) findet sich bei dem arabischen Mathematiker Omar Khayyám, der es vermutlich aus noch älteren indischen und chinesischen Quellen übernommen hatte. Zumindest das Bildungsgesetz

$$\binom{n+1}{i} = \binom{n}{i} + \binom{n}{i-1}$$

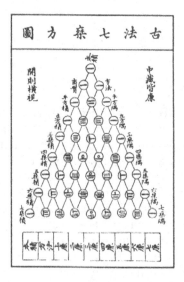

Abb. 4.2: Das Pascalsche Dreieck in einem chinesischen Mathematikbuch um 1300

war bereits dem indischen Gelehrten Pingala (2. Jahrhundert v.Chr.) bekannt, der damit die Anzahl der möglichen Kombinationen von langen und kurzen Silben zu einem Versmaß untersuchte. Hat man k kurze Silben ($\smile$) und $n-k$ lange Silben ($-$), so kann man sie auf $\binom{n}{k}$ Weisen zu einem Versmaß ordnen. Zum Beispiel ergeben sich für $n=4$ und $k=2$ die folgenden $\binom{4}{2}=6$ Varianten

$$\smile\smile \,--\,,\; \smile-\smile-\,,\; \smile--\smile\,,\; -\smile\smile-\,,\; -\smile-\smile\,,\; --\smile\smile\;.$$

Man kann auch einfach notieren, welche der vier Silben kurz sein sollen. Das obige Beispiel schreibt sich dann als

$$\{1,2\}\,,\;\{1,3\}\,,\;\{1,4\}\,,\;\{2,3\}\,,\;\{2,4\}\,,\;\{3,4\}\;.$$

Diese 6 Mengen geben alle Möglichkeiten an, beim Ausmultiplizieren von

$$(x+y)^4 = \binom{4}{0}x^4 + \binom{4}{1}x^3y + \binom{4}{2}x^2y^2 + \binom{4}{3}xy^3 + \binom{4}{4}y^4$$

die zwei Klammern auszuwählen, die ein y liefern sollen. Allgemein gibt es $\binom{n}{k}$ verschiedene Teilmengen der Menge $\{1,\dots,n\}$, die jeweils k Elemente enthalten. Man spricht in diesem Zusammenhang auch von Teilmengen der *Mächtigkeit* k.

Am Pascalschen Dreieck kann man viele weitere Eigenschaften der Binomialkoeffizienten ablesen. So bezeichnet man die Anzahl der Scheiben, die nötig sind, um ein Dreieck der Seitenlänge n zu legen, als die n-te Dreieckszahl D_n. Offenbar gilt $D_n = 1 + \dots + n$. Aus dem Bildungsgesetz des Pascalschen Dreiecks erkennt man, dass diese Zahlen in der zweiten Diagonale stehen. Also ist $D_n = \binom{n+1}{2}$.

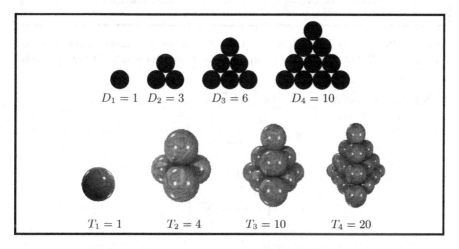

Abb. 4.3: Dreiecks- und Tetraederzahlen

Die Anzahl der Kugeln T_n, die nötig ist, um einen Tetraeder der Seitenlänge n zu bauen, nennt man entsprechend Tetraederzahlen. Es gilt $T_n = D_1 + \ldots + D_n$ und man kann T_n in der dritten Diagonale des Pascalschen Dreiecks ablesen, d.h. $T_n = \binom{n+2}{3}$.

Die weiteren Diagonalen des Pascalschen Dreiecks lassen sich entsprechend als „Tetraederzahlen in höher dimensionalen Räumen" deuten.

Man kann auch statt den Binomialkoeffizienten selbst ihre Reste bei Division durch n für ein $n \in \mathbb{N}$ betrachten und auf diese Weise weitere Muster finden. So ergibt sich bei $n = 2$ das folgende einfache Muster von Dreiecken (Abbildung 4.4).

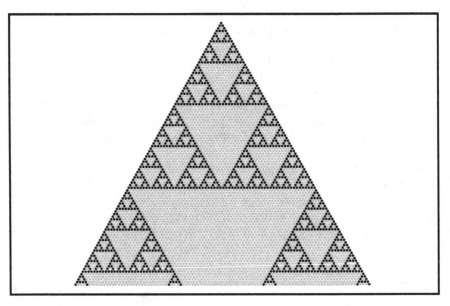

Abb. 4.4: Pascalsches Dreieck, bei dem die Zahlen durch Punkte ersetzt wurden. Ein schwarzer Punkt markiert eine ungerade Zahl ein roter Punkt eine gerade Zahl.

Setzen wir in dem binomischen Lehrsatz

$$(x + y)^n = \sum_{i=0}^{n} \binom{n}{i} x^i y^{n-i}$$

$x = y = 1$, so erhalten wir als Spezialfall

$$2^n = (1 + 1)^n = \sum_{i=0}^{n} \binom{n}{i}.$$

Es gibt also 2^n verschiedene Teilmengen einer n-elementigen Menge. Setzen wir $x = 1$ und $y = -1$, so ergibt sich für $n > 0$

$$0 = 0^n = (1-1)^n = \sum_{i=0}^{n}(-1)^i \binom{n}{i} \, .$$

Dies bedeutet, dass eine n-elementige Menge genau so viele Teilmengen mit einer geraden Anzahl von Elementen wie Teilmengen mit einer ungeraden Anzahl von Elementen enthält.

Man kann dies auch ganz ohne Rechnung sehen. Wenn wir jeder Teilmenge, die n nicht enthält, die um n erweiterte zuordnen und umgekehrt, so erhalten wir eine Bijektion (eineindeutige Abbildung) zwischen den Teilmengen mit gerader und ungerader Mächtigkeit. Dies ist nur möglich, wenn es gleichviele Teilmengen gerader wie ungerader Mächtigkeit gibt, d.h. wenn $0 = \sum_{i=0}^{n}(-1)^i \binom{n}{i}$ gilt. Beweise dieser Art sind in der Kombinatorik relativ häufig und gelten als besonders elegant.

Wir sind nun soweit, dass wir für beliebiges n ein n-aus-n Schema zur visuellen Kryptographie angeben können.

Konstruktion 4.4

Zur Konstruktion eines n-aus-n Schemas zerlegen wir jeden Bildpunkt in 2^{n-1} Teilpunkte. Soll ein heller Bildpunkt codiert werden, so werden die Teilpunkte in einer zufälligen Reihenfolge mit den Teilmengen von $\{1, \ldots, n\}$, die eine gerade Anzahl von Elementen haben, nummeriert. Soll ein dunkler Bildpunkt codiert werden, so nimmt man die Teilmengen mit einer ungeraden Anzahl von Elementen. (Dies ist möglich, da, wie wir bereits gezeigt haben, es jeweils 2^{n-1} Teilmengen von gerader bzw. ungerader Mächtigkeit gibt.)

Auf der i-ten Folie wird ein Teilpunkt schwarz gefärbt, wenn er in der entsprechenden Teilmenge enthalten ist. So entsteht z.B. das bereits besprochene 3-aus-3 Schema als:

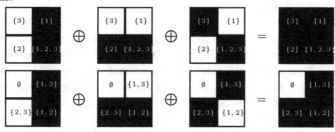

Um zu zeigen, dass es sich bei dem obigen Verfahren tatsächlich um ein n-aus-n Schema handelt, müssen wir noch zwei Schritte tun:

1. Wir müssen zeigen, dass bei dem Übereinanderlegen von allen Folien ein heller Bildpunkt durch weniger schwarze Teilpunkte repräsentiert wird als ein dunkler Bildpunkt.

2. Legt man weniger als n Folien übereinander, so ist die Anzahl der schwarzen Teilpunkte pro Punkt unabhängig von der Farbe des repräsentierten Bildpunkts.

Der erste Punkt ergibt sich unmittelbar aus der Konstruktion. Nummeriert man die Teilpunkte mit Mengen ungerader Mächtigkeit, so sind diese Mengen insbesondere nicht leer, d.h. für jeden Teilpunkt wird es mindestens eine Folie geben, auf der dieser Teilpunkt schwarz gefärbt ist. Nummeriert man die Teilpunkte mit den Teilmengen gerade Mächtigkeit, so wird der Teilpunkt, dem die leere Menge $\emptyset$ zugeordnet ist, auf keiner Folie gefärbt. Der Kontrast des Bildes ist daher $\frac{2^{n-1}-(2^{n-1}-1)}{2^{n-1}} = \frac{1}{2^{n-1}}$.

Der zweite Punkt ist nicht viel schwerer. Angenommen die Folien mit den Nummern $1, \ldots, k$ fehlen beim Übereinanderlegen. Dann bleiben alle Teilpunkte hell, deren Nummerierung eine Teilmenge von $\{1, \ldots, k\}$ ist. Da jeweils 2^{k-1} Teilmengen von $\{1, \ldots, k\}$ eine gerade bzw. ungerade Anzahl von Elementen haben, ist die Anzahl der hellen Teilpunkte 2^{k-1} unabhängig von der Farbe des codierten Bildpunktes.

Das obige Verfahren ist nicht irgendein Verfahren, sondern das bestmögliche, wie wir im Folgenden beweisen wollen. Dafür müssen wir zunächst klären, was wir unter bestmöglich verstehen.

Definition 4.1

Ein Schema zur visuellen Kryptographie zerlege jeden Punkt in m Teilpunkte. Wird in einem Bild ein heller Bildpunkt durch höchstens h und ein dunkler Bildpunkt durch mindestens d schwarze Teilpunkte repräsentiert, so nennen wir $\frac{d-h}{m}$ den *Kontrast* des Bildes.

Kann das geheime Bild auf mehrere Arten rekonstruiert werden, so ist der Kontrast des visuellen Kryptographie-Schemas, der kleinste Kontrast eines rekonstruierten Bildes.

Ein k-aus-n Schema heißt *kontrastoptimal*, wenn kein anderes k-aus-n Schema einen höheren Kontrast erreicht.

Wir wollen beweisen, dass das obige n-aus-n Schema sowohl kontrastoptimal ist als auch mit einer minimalen Anzahl von Teilpunkten auskommt. Dafür müssen wir zunächst noch etwas Kombinatorik lernen. Für zwei Mengen A und B bezeichnet man mit $A \cup B$ (lies: A vereinigt B) die Menge, in der alle Elemente enthalten sind, die in A oder B oder beiden vorkommen. Mit $A \cap B$ (lies: A geschnitten B) wird die Menge der Elemente, die sowohl in A als auch in B liegen, bezeichnet. $A \backslash B$ (lies: A ohne B) bezeichnet die Menge der Elemente von A, die nicht in B liegen.

Es gilt $|A \cup B| = |A| + |B| - |A \cap B|$ wie man an Abbildung 4.5 erkennen kann.

Für drei Mengen gilt eine ähnliche Formel

$$|A \cup B \cup C| = |A| + |B| + |C| - |A \cap B| - |A \cap C| - |B \cap C| + |A \cap B \cap C|\,.$$

Man kann sich das wie folgt vorstellen:

- Um $|A \cup B \cup C|$ zu bestimmen, zählen wir zunächst jeweils getrennt die Elemente von A, B und C.

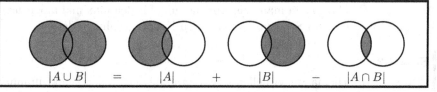

Abb. 4.5: Vereinigung und Schnitt zweier Mengen.

- Dabei erwischen wir die Elemente in $A \cap B$, $A \cap C$ und $B \cap C$ jeweils doppelt, was korrigiert werden muss.
- Die Elemente von $A \cap B \cap C$ haben wir zuerst dreimal gezählt (in A, B und C) und dann dreimal abgezogen (in $A \cap B$, $A \cap C$ und $B \cap C$). Dies muss im letzten Schritt durch $+|A \cap B \cap C|$ korrigiert werden.

Ganz allgemein gilt für n Mengen $A_1, \ldots, A_n$ die folgende Formel:

$$|A_1 \cup \ldots \cup A_n| = \sum_{1 \le i \le n} |A_i| - \sum_{1 \le i < j \le n} |A_i \cap A_j| +$$
$$\sum_{1 \le i < j < k \le n} |A_i \cap A_j \cap A_k| - \ldots \pm |A_1 \cap \ldots \cap A_n|$$

Diese Formel ist als *Siebformel* oder *Ein/Ausschaltregel* bekannt.

Man muss also die Größe von allen möglichen Schnittmengen kennen, um $|A_1 \cup \ldots \cup A_n|$ zu berechnen. Die Siebformel wird offenbar falsch, wenn wir einige Terme weglassen. Trotzdem kann man sich fragen, ob man die Anzahl der Elemente in $A_1 \cup \ldots \cup A_n$ noch ungefähr bestimmen kann, falls die Größen der Schnittmengen nicht vollständig bekannt sind. In einer Arbeit [23] aus dem Jahr 1990 geben N. LINIAL und N. NISAN eine Antwort auf diese Frage. Sie beweisen unter anderem:

Satz 4.1

Es seien $A_1, \ldots, A_n$ und $B_1, \ldots, B_n$ Teilmengen einer Grundmenge G. Für jede echte Teilmenge U von $\{1, \ldots, n\}$, d.h. jede Teilmenge außer $\{1, \ldots, n\}$ selbst, gelte

$$\left| \bigcap_{i \in U} A_i \right| = \left| \bigcap_{i \in U} B_i \right| .$$

Dann gilt

$$\left| \bigcup_{i=1}^{n} A_i \right| \le \frac{1}{2^{n-1}} |G| + \left| \bigcup_{i=1}^{n} B_i \right| .$$

Mit anderen Worten: Sind fast alle Schnittmengen der A_i bzw. B_i gleichgroß, so kann der Unterschied zwischen den Vereinigungsmengen nicht sehr groß sein.

Aus diesem Ergebnis kann man eine Abschätzung für den maximal möglichen Kontrast eines n-aus-n Schemas zur visuellen Kryptographie herleiten.

Satz 4.2

Ein n-aus-n Schema zur visuellen Kryptographie muss jeden Punkt in mindestens 2^{n-1} Teilpunkte unterteilen und kann höchstens den Kontrast 2^{1-n} haben.

Das oben besprochene Verfahren zeigt, dass diese Schranken bestmöglich sind.

Beweis: Unser Ziel ist es, den Satz von Linial und Nisan anzuwenden. Mit G bezeichnen wir die Menge der Teilpunkte, in die ein Punkt zerlegt wird. Wir betrachten nun die Codierung eines typischen dunklen Punktes. Mit A_i bezeichnen wir die Menge der Teilpunkte, die auf der i-ten Folien schwarz sind. Entsprechend bezeichnen wir mit B_i die Menge der schwarzen Teilpunkte auf der i-ten Folie bei der Codierung eines typischen hellen Punktes.

Wäre $|A_i| \neq |B_i|$ so würde das bedeuten, dass man auf der i-ten Folie einen dunklen Punkt von einem hellen durch einfaches Betrachten des Bildes unterscheiden könnte. (Bei $|A_i| > |B_i|$ würde man schwarze Bereiche im geheimen Bild durch ihre durchschnittlich etwas dunklere Färbung erkennen. Bei $|A_i| < |B_i|$ würde man das geheime Bild in vertauschten Farben sehen.) Also ist $|A_i| = |B_i|$ notwendig für die Sicherheit der visuellen Kryptographie-Schemata. (Man beachte, dass diese Bedingung nur notwendig und nicht hinreichend für die Sicherheit ist, wie die Beispiele in Kapitel 3 zeigen.)

Für $n > 2$ muss nun nach demselben Argument beim Übereinanderlegen der Folien i und j die Anzahl der dunklen Teilpunkte unabhängig von der Farbe des zu codierenden Punktes sein, d.h. es muss $|A_i \cup A_j| = |B_i \cup B_j|$ gelten. Da wir bereits wissen, dass $|A_i| = |B_i|$ und $|A_j| = |B_j|$ gilt, folgt aus der Siebformel

$$|A_i \cap A_j| = |A_i| + |A_j| - |A_i \cup A_j| = |B_i| + |B_j| - |B_i \cup B_j| = |B_i \cap B_j| \,.$$

Dasselbe Argument gilt auch für drei oder mehr Folien und zeigt die folgende notwendige (aber nicht notwendigerweise hinreichende) Bedingung für die Sicherheit des n-aus-n Schemas:

Für jede echte Teilmenge U von $\{1, \ldots, n\}$ gilt

$$\left| \bigcup_{i \in U} A_i \right| = \left| \bigcup_{i \in U} B_i \right| \,.$$

Wegen der Siebformel ist dies gleichwertig zu: Für jede echte Teilmenge U von $\{1, \ldots, n\}$ gilt

$$\left| \bigcap_{i \in U} A_i \right| = \left| \bigcap_{i \in U} B_i \right| \,.$$

Wir können also Satz 1 anwenden, d.h. es gilt

$$\left| \bigcup_{i=1}^{n} A_i \right| \leq \frac{1}{2^{n-1}} |G| + \left| \bigcup_{i=1}^{n} B_i \right| .$$

Nun ist aber Kontrast α definiert als der Unterschied in der Anzahl der schwarzen Teilpunkte im Verhältnis zur Gesamtzahl der Teilpunkte. Also ist

$$\alpha \leq \frac{\left| \bigcup_{i=1}^{n} A_i \right| - \left| \bigcup_{i=1}^{n} B_i \right|}{|G|} = \frac{1}{2^{n-1}} .$$

Da der Unterschied in der Anzahl der schwarzen Teilpunkte in dunklen und hellen Bereichen mindestens aus einem Teilpunkt besteht, bedeutet ein Kontrast von α, dass es mindestens $1/\alpha$ Teilpunkte geben muss. Dies zeigt, dass das oben beschriebene Verfahren zur Erzeugung eines n-aus-n Schemas sowohl kontrastoptimal ist als auch mit einer minimalen Anzahl von Teilpunkten auskommt. $\qquad\square$

Wir wollen nun Satz 4.1 beweisen. Der ursprüngliche Beweis benutzte das Dualitätsprinzip der linearen Optimierung. Es handelt sich dabei um eine sehr mächtige Methode, mit der sich noch viele weitere Probleme der visuellen Kryptographie lösen lassen. Wir werden in Abschnitt 4.3 die Grundideen der linearen Optimierung und ihre Anwendung in der visuellen Kryptographie kennenlernen.

An dieser Stelle bringen wir einen rein kombinatorischen Beweis des Satzes von Linial und Nisan (siehe auch [19]).

Beweis von Satz 4.1: Zunächst formulieren wir die Aussage des Satzes etwas anders.

Es seien $A_1, \ldots, A_n$ und $B_1, \ldots, B_n$ Mengen, sodass für jede echte Teilmenge U von $\{1, \ldots, n\}$

$$\left| \bigcap_{i \in U} A_i \right| = \left| \bigcap_{i \in U} B_i \right|$$

gilt.

Außerdem gelte für ein $k \in \mathbb{N}$

$$\left| \bigcup_{i=1}^{n} A_i \right| = k + \left| \bigcup_{i=1}^{n} B_i \right| .$$

Dann ist

$$\left| \bigcup_{i=1}^{n} A_i \right| \geq 2^{n-1} k .$$

In dieser Form lässt sich der Satz mit vollständiger Induktion beweisen.

Induktionsanfang (n=2): Man sieht unmittelbar, dass $A_1 = \{1, \ldots, k\}$, $A_2 = \{k+1, \ldots, 2k\}$ und $B_1 = B_2 = \{1, \ldots, k\}$ alle Voraussetzungen erfüllen.

Außerdem gilt $A_1 \cap A_2 = \emptyset$ und $B_1 = B_2$, weshalb es sich um das kleinste mögliche Beispiel handelt. Der Satz stimmt also für $n = 2$.

(Ganz Clevere beginnen übrigens bei der Induktion mit $n = 1$ und verweisen auf das Beispiel $A_1 = \{1, \ldots, k\}$ und $B_1 = \emptyset$.)

Induktionsannahme: Angenommen der Satz gilt für ein $n \in \mathbb{N}$.

Induktionsbehauptung: Dann gilt der Satz auch für $n + 1$.

Induktionsschritt: Es seien nun $A_1, \ldots, A_{n+1}$ und $B_1, \ldots, B_{n+1}$ Mengen, sodass für jede echte Teilmenge U von $\{1, \ldots, n+1\}$

$$\left| \bigcap_{i \in U} A_i \right| = \left| \bigcap_{i \in U} B_i \right|$$

gilt und

$$\left| \bigcup_{i=1}^{n+1} A_i \right| \leq k + \left| \bigcup_{i=1}^{n+1} B_i \right|$$

ist.

Wir betrachten die n Mengen $A_i' = A_i \backslash A_{n+1}$ ($i = 1, \ldots, n$) und die Mengen $B_i' = B_i \backslash B_{n+1}$ ($i = 1, \ldots, n$). Da nach Voraussetzung $|A_{n+1}| = |B_{n+1}|$ gilt, muss der Unterschied zwischen $\left| \bigcup_{i \in U} A_i \right|$ und $\left| \bigcup_{i \in U} B_i \right|$ bereits von den Mengen A_i' und B_i' erzeugt werden. Also gilt

$$\left| \bigcup_{i=1}^{n} A_i' \right| = k + \left| \bigcup_{i=1}^{n} B_i' \right| .$$

Andererseits gilt für alle echten Teilmengen U von $\{1, \ldots, n\}$:

$$\begin{aligned}
\left| \bigcap_{i \in U} A_i' \right| &= \left| \bigcap_{i \in U} A_i \right| - \left| \bigcap_{i \in U} A_i \cap A_{n+1} \right| \\
&= \left| \bigcap_{i \in U} B_i \right| - \left| \bigcap_{i \in U} B_i \cap B_{n+1} \right| \\
&= \left| \bigcap_{i \in U} B_i' \right| .
\end{aligned}$$

Daher erfüllen die Mengen $A_1', \ldots, A_n'$ und $B_1', \ldots, B_n'$ die Voraussetzungen der Induktionsannahme. Also wissen wir, dass

$$\left| \bigcup_{i=1}^{n} A_i \backslash A_{n+1} \right| = \left| \bigcup_{i=1}^{n} A_i' \right| \geq 2^{n-1} k$$

gilt.

Um $\left| \bigcup_{i=1}^{n+1} A_i \right| = \left| \bigcup_{i=1}^{n} A_i \backslash A_{n+1} \right| + |A_{n+1}|$ zu berechnen, müssen wir nun nur noch herausfinden wie groß A_{n+1} ist.

Dazu betrachten wir die Mengen $A_i'' = A_i \cap A_{n+1}$ und $B_i'' = B_i \cap B_{n+1}$ für $i = 1, \ldots, n$. Wegen

$$\left| \bigcup_{i=1}^{n} A_i \right| = \left| \bigcup_{i=1}^{n} B_i \right|$$

$$\Longleftrightarrow \quad \left| \bigcup_{i=1}^{n} A_i' \right| + \left| \bigcup_{i=1}^{n} A_i'' \right| = \left| \bigcup_{i=1}^{n} B_i' \right| + \left| \bigcup_{i=1}^{n} B_i'' \right|$$

und

$$\left| \bigcup_{i=1}^{n} A_i' \right| = k + \left| \bigcup_{i=1}^{n} B_i' \right|$$

gilt

$$\left| \bigcup_{i=1}^{n} A_i'' \right| + k = \left| \bigcup_{i=1}^{n} B_i'' \right| .$$

Andererseits gilt für jede echte Teilmenge U von $\{1, \ldots, n\}$:

$$\left| \bigcap_{i \in U} A_i'' \right| = \left| \bigcap_{i \in U} A_i \cap A_{n+1} \right|$$

$$= \left| \bigcap_{i \in U} B_i \cap B_{n+1} \right|$$

$$= \left| \bigcap_{i \in U} B_i'' \right| .$$

Das heißt wir können die Induktionsvoraussetzung auf die Mengen B_i'' und A_i'' anwenden. Dies liefert

$$\left| \bigcup_{i=1}^{n} B_i \cap B_{n+1} \right| = \left| \bigcup_{i=1}^{n} B_i'' \right| \geq 2^{n-1} k .$$

Da $|A_{n+1}| = |B_{n+1}|$ mindestens so groß ist wie $\left| \bigcup_{i=1}^{n} B_i \cap B_{n+1} \right|$ folgt:

$$\left| \bigcup_{i=1}^{n+1} A_i \right| = \left| \bigcup_{i=1}^{n} A_i \backslash A_{n+1} \right| + |A_{n+1}| \geq 2^{n-1} k + 2^{n-1} k = 2^n k .$$

Dies war zu zeigen.   □

Mit ähnlichen Methoden, kann man auch den Fall des $(n-1)$-aus-n Schemas behandeln [19]. Der Beweis wird jedoch noch einmal deutlich aufwendiger. Dort ergibt sich für den Kontrast α die Abschätzung

$$\frac{1}{\alpha} \geq \begin{cases} \frac{x}{2} \binom{2x-1}{x-1} & \text{falls } n = 2x - 1 \text{ ungerade ist,} \\[2mm] x \binom{2x-1}{x-1} & \text{falls } n = 2x \text{ gerade ist.} \end{cases}$$

4.2 Codierungstheorie

Betrachten wir noch einmal das 2-aus-3 Schema vom Anfang des Kapitels. Es basierte auf den 3 Grundmustern:

Eine naheliegende Verallgemeinerung auf ein 2-aus-n Schema würde für $n = 4$ die Grundmuster

benutzen.

Bei n Folien liefert dieses Verfahren den Kontrast $1/n$. Es stellt sich nun die Frage, ob dies ein gutes Verfahren ist.

Die Antwort auf die Frage lautet nein, denn das beste Verfahren liefert einen Kontrast der zwar mit wachsendem n absinkt, aber $1/4$ nie unterschreitet. Dieses Verfahren nutzt Methoden der Codierungstheorie. Dies mag überraschen, da Codierungstheorie und Kryptographie zwei auf den ersten Blick entgegengesetzte Ziele verfolgen.

Während es das Ziel der Kryptographie ist, eine Nachricht für den unbefugten Benutzer möglichst unleserlich zu gestalten, ist das Ziel der Codierungstheorie die Nachricht so zu gestalten, dass sie auch bei extremen Störungen noch lesbar bleibt. Trotz der anscheinend gegensätzlichen Anforderungen sind die beiden Fragestellungen eng miteinander verwandt und häufig kann ein Ergebnis aus der Codierungstheorie zur Lösung kryptographischer Probleme herangezogen werden. So ist es auch bei der Konstruktion von 2-aus-n visuellen Kryptographie-Schemata.

Wir beginnen unsere Einführung in die Codierungstheorie mit einem konkreten Anwendungsbeispiel:

Bei der Kommunikation mit Satelliten kommt es durch das Hintergrundrauschen immer wieder zu Übertragungsstörungen, die korrigiert werden müssen. Auf physikalischer Seite kann man diesen Fehlern begegnen, indem man die Sendeenergie erhöht oder die Empfangsschüssel vergrößert. Man stößt dabei jedoch schnell an praktische Grenzen. Weitere Verbesserungen der Übertragungsqualität lassen sich nur mit mathematischen Methoden erreichen. Nehmen wir z.B. an, dass ein einzelnes Bit nur in 98% der Fälle korrekt empfangen wird. Um die Fehlerrate weiter zu senken wird jedes Zeichen dreimal verschickt. Man sendet also 111 statt 1. Wird nun zum Beispiel 010 empfangen, so kann man davon ausgehen, dass in Wirklichkeit 000 und nicht 111 gesendet wurde, da es wahrscheinlicher ist, dass nur ein Fehler auftritt, als, dass gleich zwei Fehler auftreten. Bei diesem 3-fach Wiederholungscode

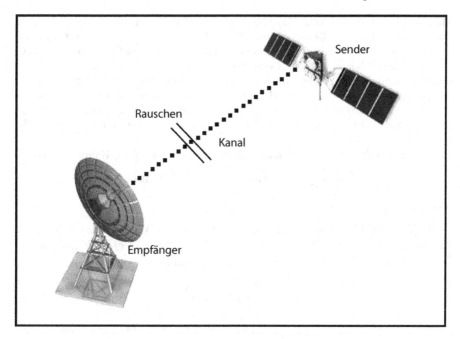

Abb. 4.6: Das Grundproblem der Codierungstheorie

wird eine Symbolgruppe nur dann falsch decodiert, wenn mindestens 2 der 3 gesendeten Zeichen fehlerhaft empfangen werden. Dies ist nur mit der Wahrscheinlichkeit $3 \cdot 0.98 \cdot 0.02^2 + 0.02^3 \approx 0.1\%$ der Fall. Durch dieses einfache Vorgehen konnte die Fehlerrate also von 2% auf $\approx 0.1\%$ gesenkt werden. Der Preis, den wir für diese Verbesserung zahlen müssen ist, dass wir die dreifache Menge an Zeichen senden müssen, d.h. wir können die Information nur mit einem Drittel der maximal möglichen Geschwindigkeit übertragen.

Etwas komplizierter ist das folgende Beispiel:

Beispiel

Durch

$$(x_0, x_1, x_2, x_3) \mapsto (x_0, \ldots, x_6)$$

mit

$$x_4 \equiv x_1 + x_2 + x_3 \mod 2 \,,$$
$$x_5 \equiv x_0 + x_2 + x_3 \mod 2 \,,$$
$$x_6 \equiv x_0 + x_1 + x_3 \mod 2$$

wird ein Code definiert.

Die 16 möglichen Codeworte sind (0000 000), (0001 111), (0010 110), (0011 001), (0100 101), (0101 010), (0110 011), (0111 100), (1000 011), (1001 100), (1010 101), (1011 010), (1100 110), (1101 001), (1110 000) und (1111 111).

Man erkennt an dieser Aufzählung, dass je zwei Codewörter sich an mindestens 3 Stellen unterscheiden. Für jedes binäre Wort der Länge sieben, das kein Codewort ist, gibt es genau ein Codewort, von dem es sich an genau einer Stelle unterscheidet.

Man kann daher mit diesem Code, wie auch mit dem oben beschriebenen Wiederholungscode, einen aufgetretenen Fehler korrigieren. Im Unterschied zum Wiederholungscode können 4 von 7 Bits statt nur jedes dritte Bit zur Informationsübertragung genutzt werden. Man sagt der Code hat die Rate 4/7 statt 1/3. Wegen seiner größeren Rate ist der komplizierte Code dem einfachen Wiederholungscode vorzuziehen.

Man nennt den obigen Code nach seinem Entdecker den $[7,4]$-Hamming-Code.

Die obigen Beispiele motivieren die folgende Definition:

Definition 4.2

Mit $\{0,1\}^n$ bezeichnen wir die Menge aller binären Wörter der Länge n. Eine M-elementige Teilmenge C von $\{0,1\}^n$ heißt *(binärer) Code* der Länge n. Die *Rate* von C ist $\frac{\log_2(M)}{n}$. Der *Minimalabstand* d von C ist

$$d = \min_{x \neq y \in C} \{d(x,y)\} \ ,$$

wobei der Abstand $d(x,y)$ von x und y die Anzahl der Stellen ist, an denen sich x und y unterscheiden.
Man nennt C auch einen (n,M,d)-Code.
Ein (n,M,d)-Code ist besser als ein (n,M',d)-Code falls $M > M'$.

Ein Hauptziel der Codierungstheorie ist es, für jede mögliche Wahl von n und d das größtmögliche M zu finden, sodass ein (n,M,d)-Code existiert. Dieses Ziel ist bisher nur für wenige Werte von n und d erreicht worden. Einer der gelösten Fälle ist $d > \frac{n}{2}$, den wir im Folgenden behandeln wollen.

Zunächst beweisen wir eine obere Schranke für die Anzahl M der Codewörter, die 1960 von M. PLOTKIN [28] entdeckt wurde.

Satz 4.3 Plotkin-Schranke
Für einen (n,M,d)-Code mit $d > \frac{1}{2}n$ gilt

$$M \leq \frac{d}{d - \frac{1}{2}n} \ .$$

Beweis: Es sei C ein $(n,M,d;q)$-Code. Wir wollen die Summe S aller Abstände von je zwei Codewörtern abschätzen. Da der Code die Minimaldistanz d hat, gilt $S \geq M(M-1)d$.

Nun suchen wir eine obere Schranke für S. Dazu schreiben wir die M Codewörter als Zeilen einer $M \times n$ Matrix. Das Symbol 0 komme in einer Spalte A-mal vor. Der Beitrag von dieser Spalte zur Summe S ist

$$2A(M - A) = \frac{1}{2}M^2 - (\frac{1}{2}M^2 - 2MA + 2A^2)$$

$$= \frac{1}{2}M^2 - \frac{1}{2}(M - 2A)^2$$

$$\leq \frac{1}{2}M^2 .$$

Alle Spalten zusammen liefern also $S \leq n\frac{1}{2}M^2$.
Zusammen mit

$$M(M - 1)d \leq S$$

ergibt sich:

$$M(M - 1)d \leq n\frac{1}{2}M^2 ,$$

$$(M - 1)d \leq n\frac{1}{2}M ,$$

$$M(d - \frac{1}{2}n) \leq d ,$$

also

$$M \leq \frac{d}{d - \frac{1}{2}n} \quad , \text{denn } d - \frac{1}{2}n > 0.$$

Dies ist die Plotkin-Schranke. □

Mit der Plotkin-Schranke kennen wir nun eine obere Schranke für die Anzahl der möglichen Codewörter. Wenn wir für n, d mit $d > \frac{1}{2}n$ einen (n, M, d)-Code mit $M = \frac{d}{d - \frac{1}{2}n}$ finden können, so wissen wir, dass kein Code bei gleichem n und d eine größere Rate haben kann. In einem gewissen Sinne ist ein solcher Code also optimal.

Im Folgenden wollen wir uns mit der Konstruktion solcher Codes beschäftigen. Diese werden zu Ehren des Mathematikers JACQUES SOLOMON HADAMARD (1865 – 1963) *Hadamard-Codes* genannt. Hadamard selber hat sich nie mit Codierungstheorie beschäftigt (diese Wissenschaft gab es zu seiner Zeit noch nicht) statt dessen hat er sich gefragt: Wie groß kann die Determinante einer $n \times n$ Matrix maximal werden, wenn alle n^2 Einträge zwischen -1 und 1 liegen?

Satz 4.4 Hadamardsche Ungleichung

Jede reelle $n \times n$ Matrix $H = (h_{i,j})$ mit Einträgen $|h_{i,j}| \leq 1$ erfüllt die Ungleichung $|\det H| \leq n^{n/2}$. Diese Schranke wird genau dann angenommen, wenn H nur Einträge ± 1 hat und

$$HH^T = H^T H = nI_n$$

gilt. (I_n bezeichnet die $n \times n$ Einheitsmatrix.) Jede Matrix H, die die Hadamardsche Ungleichung mit Gleichheit erfüllt, heißt Hadamard-Matrix der Ordnung n.

Wir werden an dieser Stelle den Satz von Hadamard nicht beweisen (siehe z.B. [16]), da wir die Hadamardsche Ungleichung nie brauchen werden. Wir benötigen lediglich die Eigenschaft $HH^T = H^T H = nI_n$, die die *Hadamard-Matrizen* für viele Bereiche der Kombinatorik interessant macht.

Bevor wir zu Anwendungen der Hadamard-Matrizen in der Codierungstheorie kommen, wollen wir uns ein paar Beispiele für Hadamard-Matrizen anschauen.

Beispiel

$$(1), \begin{pmatrix} 1 & 1 \\ 1 & -1 \end{pmatrix}, \begin{pmatrix} 1 & 1 & 1 & 1 \\ 1 & 1 & -1 & -1 \\ 1 & -1 & 1 & -1 \\ 1 & -1 & -1 & 1 \end{pmatrix} \text{ und } \begin{pmatrix} 1 & 1 & 1 & 1 & 1 & 1 & 1 & 1 \\ 1 & -1 & 1 & -1 & 1 & -1 & 1 & -1 \\ 1 & 1 & -1 & -1 & 1 & 1 & -1 & -1 \\ 1 & -1 & -1 & 1 & 1 & -1 & -1 & 1 \\ 1 & 1 & 1 & 1 & -1 & -1 & -1 & -1 \\ 1 & -1 & 1 & -1 & -1 & 1 & -1 & 1 \\ 1 & 1 & -1 & -1 & -1 & -1 & 1 & 1 \\ 1 & -1 & -1 & 1 & -1 & 1 & 1 & -1 \end{pmatrix}$$

sind Hadamard-Matrizen.

Die Beispiele in der obigen Liste sind die kleinstmöglichen Ordnungen, denn es gilt:

Satz 4.5

Es sei $n > 2$. Existiert eine $n \times n$ Hadamard-Matrix, so ist n durch 4 teilbar.

Beweis: Multipliziert man eine Zeile oder eine Spalte einer Hadamard-Matrix mit -1, so erhält man eine neue Hadamard-Matrix. Wir können daher davon ausgehen, dass die erste Zeile einer Hadamard-Matrix nur Einsen enthält.

Dann hat die zweite Zeile (nach eventueller Permutation der Spalten) die Form

$$\underbrace{1 \ldots 1}_{a} \underbrace{-1 \ldots -1}_{b} .$$

Es gilt $a + b = n$ (denn die Matrix hat n Spalten) und $a - b = 0$ (denn das Skalarprodukt der ersten und zweiten Zeile ist $a - b$). Es folgt $a = b = \frac{n}{2}$, d.h. die Einträge 1 und -1 treten in der zweiten (und jeder weiteren Zeile) gleich oft auf.

Die dritte Zeile hat dann (nach eventueller Permutation innerhalb der ersten $\frac{n}{2}$ bzw. zweiten $\frac{n}{2}$ Spalten) die Form

$$\underbrace{1\ldots 1}_{x}\underbrace{-1\ldots -1}_{\frac{n}{2}-x}\underbrace{1\ldots 1}_{y}\underbrace{-1\ldots -1}_{\frac{n}{2}-y}.$$

Da sie orthogonal zur ersten Zeile stehen muss, folgt $x + y = \frac{n}{2}$. Aus der Orthogonalität zur zweiten Zeile folgt: $x + (\frac{n}{2} - y) = \frac{n}{2}$.

Beides zusammen ergibt $x = y = \frac{n}{4}$. Also ist $\frac{n}{4}$ eine ganze Zahl, d.h. n ist durch 4 teilbar. $\qquad\square$

Wir kommen nun zur Anwendung der Hadamard-Matrizen in der Codierungstheorie.

Konstruktion 4.5

Wir beginnen mit einer $(4n) \times (4n)$ Hadamard-Matrix. Die erste Zeile und die erste Spalte dieser Matrix enthalte nur Einsen, also z.B.

$$H = \begin{pmatrix}
1 & 1 & 1 & 1 & 1 & 1 & 1 & 1 \\
1 & -1 & 1 & -1 & 1 & -1 & 1 & -1 \\
1 & 1 & -1 & -1 & 1 & 1 & -1 & -1 \\
1 & -1 & -1 & 1 & 1 & -1 & -1 & 1 \\
1 & 1 & 1 & 1 & -1 & -1 & -1 & -1 \\
1 & -1 & 1 & -1 & -1 & 1 & -1 & 1 \\
1 & 1 & -1 & -1 & -1 & -1 & 1 & 1 \\
1 & -1 & -1 & 1 & -1 & 1 & 1 & -1
\end{pmatrix}.$$

Wir streichen die erste Spalte und ersetzen dann jede -1 durch 0. Die Zeilen der so entstehenden Matrix bilden die Codewörter eines $(4n - 1, 4n, 2n)$-Codes. Die Plotkin-Schranke zeigt, dass kein anderer Code mit derselben Länge und derselben Minimaldistanz mehr Codewörter besitzen kann.

Im Beispiel erhalten wir die 8 Codewörter (1111111), (0101010), (1001100), (0011001), (1110000), (0100101), (1000011) und (0010110). Dies ist ein $(7, 8, 3)$-Code. Nehmen wir noch die 8 Komplemente der Codewörter hinzu, erhalten wir einen $(7, 16, 3)$-Code. Bis auf die Reihenfolge der Koordinaten stimmt dieser mit dem $[7, 4]$-Hamming-Code, den wir bereits kennengelernt haben, überein.

Das obige Verfahren zeigt uns, dass man aus Hadamard-Matrizen Codes konstruieren kann, die die Plotkin-Schranke erfüllen. Man kann sogar zeigen, dass eine $(4n) \times (4n)$ Hadamard-Matrix genau dann existiert, wenn es einen $(4n-1, 4n, 2n)$-Code gibt. Auch für andere Parameter reduziert sich die Frage, ob es Codes gibt, die die Plotkin-Schranke erfüllen, im Wesentlichen auf die Suche nach Hadamard-Matrizen (siehe z.B. [17]).

Da Hadamard-Matrizen wichtige Anwendungen haben, macht es Sinn nach Verfahren zu suchen, mit denen man möglichst viele verschiedene konstruieren kann. Diese Verfahren sind mitunter sehr kompliziert (siehe z.B. [36, 8] oder im Internet [37] für einen Überblick). Wir wollen an dieser Stelle nur eine der einfachsten Konstruktionen vorführen.

Für zwei Matrizen

$$A = \begin{pmatrix} a_{11} & \cdots & a_{1m} \\ \vdots & \ddots & \vdots \\ a_{n1} & \cdots & a_{nm} \end{pmatrix} \quad \text{und} \quad B = \begin{pmatrix} b_{11} & \cdots & b_{1l} \\ \vdots & \ddots & \vdots \\ b_{k1} & \cdots & b_{kl} \end{pmatrix}$$

der Dimensionen $n \times m$ und $k \times l$ definiert man das Tensorprodukt $A \otimes B$ als die folgende $(nk) \times (ml)$ Matrix:

$$A \otimes B = \left(\begin{array}{ccc|ccc} a_{11}b_{11} & \cdots & a_{11}b_{1l} & a_{1m}b_{11} & \cdots & a_{1m}b_{1l} \\ \vdots & \ddots & \vdots & \vdots & \ddots & \vdots \\ a_{11}b_{k1} & \cdots & a_{11}b_{kl} & a_{1m}b_{k1} & \cdots & a_{1m}b_{kl} \\ \hline \vdots & & \ddots & & \vdots & \\ a_{n1}b_{11} & \cdots & a_{n1}b_{1l} & a_{nm}b_{11} & \cdots & a_{nm}b_{1l} \\ \vdots & \ddots & \vdots & \vdots & \ddots & \vdots \\ a_{n1}b_{k1} & \cdots & a_{n1}b_{kl} & a_{nm}b_{k1} & \cdots & a_{nm}b_{kl} \end{array} \right).$$

Einfaches (wenn auch mühsames) Nachrechnen zeigt, dass für zwei Hadamard-matrizen H und $\hat{H}$ der Ordnungen n und $\hat{n}$ die folgende Gleichung gilt:

$$(H \otimes \hat{H})(H \otimes \hat{H})^T = (H \otimes \hat{H})(H^T \otimes \hat{H}^T)$$
$$= (HH^T) \otimes (\hat{H}\hat{H}^T)$$
$$= (nI_n) \otimes (\hat{n}I_{\hat{n}})$$
$$= n\hat{n}I_{n\hat{n}}.$$

Ganz ähnlich folgt auch $(H \otimes \hat{H})^T(H \otimes \hat{H}) = n\hat{n}I_{n\hat{n}}$, d.h. $H \otimes \hat{H}$ ist eine Hadamard-Matrix der Ordnung $n\hat{n}$. Wählt man bei diesem Verfahren für $\hat{H}$ immer die Hadamard-Matrix der Ordnung 2, so kann man für jede natürliche Zahl k eine Hadamard-Matrix der Ordnung 2^k erzeugen. Es gibt jedoch auch für andere durch 4 teilbare Ordnungen Hadamard-Matrizen, die sich nicht auf diese Art erzeugen lassen, z.B. die folgende Hadamard-Matrix der Ordnung 12:

$$\begin{pmatrix} 1 & 1 & 1 & 1 & 1 & 1 & 1 & 1 & 1 & 1 & 1 & 1 \\ -1 & 1 & 1 & -1 & 1 & 1 & 1 & -1 & -1 & -1 & 1 & -1 \\ -1 & -1 & 1 & 1 & -1 & 1 & 1 & 1 & -1 & -1 & -1 & 1 \\ -1 & 1 & -1 & 1 & 1 & -1 & 1 & 1 & 1 & -1 & -1 & -1 \\ -1 & -1 & 1 & -1 & 1 & 1 & -1 & 1 & 1 & 1 & -1 & -1 \\ -1 & -1 & -1 & 1 & -1 & 1 & 1 & -1 & 1 & 1 & 1 & -1 \\ -1 & -1 & -1 & -1 & 1 & -1 & 1 & 1 & -1 & 1 & 1 & 1 \\ -1 & 1 & -1 & -1 & -1 & 1 & -1 & 1 & 1 & -1 & 1 & 1 \\ -1 & 1 & 1 & -1 & -1 & -1 & 1 & -1 & 1 & 1 & -1 & 1 \\ -1 & 1 & 1 & 1 & -1 & -1 & -1 & 1 & -1 & 1 & 1 & -1 \\ -1 & -1 & 1 & 1 & 1 & -1 & -1 & -1 & 1 & -1 & 1 & 1 \\ -1 & 1 & -1 & 1 & 1 & 1 & -1 & -1 & -1 & 1 & -1 & 1 \end{pmatrix}.$$

Eine berühmte Vermutung besagt, dass für jede natürliche Zahl n eine $(4n) \times (4n)$ Hadamard-Matrix existiert. Der Beweis für diese Vermutung steht noch aus. Der kleinste noch ungelöste Fall ist $n = 167$, d.h. bisher weiß noch niemand, ob eine 668×668 Hadamard-Matrix existiert. Da Hadamard-Matrizen nicht nur in der Codierungstheorie Anwendungen haben, bietet sich hier die Gelegenheit seinen Namen in der Welt der Mathematik zu verewigen. An dieser Stelle wollen wir unseren Ausflug in die Codierungstheorie beenden und zur Kryptographie zurückkehren. Es stellt sich nun die Frage: Was haben Hadamard-Codes mit visueller Kryptographie zu tun?

Betrachten wir noch einmal den $(7, 8, 4)$-Code, den wir aus der 8×8 Hadamard-Matrix gewonnen haben. Sieben der acht Codewörter enthalten genau dreimal die 1 und unterscheiden sich jeweils an genau vier Stellen. Interpretieren wir nun die Eisen als den Schwarzanteil in einem Bildpunkt, so erhalten wir 7 Folien, die alle einen gleichmäßigen Grauton zeigen, der beim Übereinanderlegen von zwei Folien um einen festgelegten Betrag dunkler wird. Dies ist genau das, was man braucht, um bei einem 2-aus-7 visuellen Kryptographie-Schema einen dunklen Bildpunkt zu beschreiben.

Hadamard-Codes führen daher auf das folgende 2-aus-n visuelle Kryptographie-Schemata das, wie wir noch zeigen werden, optimal ist.

Konstruktion 4.6

Wir beginnen mit einer $(4n) \times (4n)$ Hadamard-Matrix. Die erste Zeile und die erste Spalte dieser Matrix enthalten nur Einsen, also z.B.

$$H = \begin{pmatrix} 1 & 1 & 1 & 1 & 1 & 1 & 1 & 1 \\ 1 & -1 & 1 & -1 & 1 & -1 & 1 & -1 \\ 1 & 1 & -1 & -1 & 1 & 1 & -1 & -1 \\ 1 & -1 & -1 & 1 & 1 & -1 & -1 & 1 \\ 1 & 1 & 1 & 1 & -1 & -1 & -1 & -1 \\ 1 & -1 & 1 & -1 & -1 & 1 & -1 & 1 \\ 1 & 1 & -1 & -1 & -1 & -1 & 1 & 1 \\ 1 & -1 & -1 & 1 & -1 & 1 & 1 & -1 \end{pmatrix}$$

Eine solche Hadamard-Matrix nennt man normiert. Man kann jede Hadamard-Matrix normieren, in dem man die entsprechenden Zeilen bzw. Spalten mit -1 multipliziert.

Wir streichen nun die erste Zeile und die erste Spalte und ersetzen jede -1 durch 0. Auf diese Weise erhalten wir:

$$M = \begin{pmatrix} 0 & 1 & 0 & 1 & 0 & 1 & 0 \\ 1 & 0 & 0 & 1 & 1 & 0 & 0 \\ 0 & 0 & 1 & 1 & 0 & 0 & 1 \\ 1 & 1 & 1 & 0 & 0 & 0 & 0 \\ 0 & 1 & 0 & 0 & 1 & 0 & 1 \\ 1 & 0 & 0 & 0 & 0 & 1 & 1 \\ 0 & 0 & 1 & 0 & 1 & 1 & 0 \end{pmatrix}.$$

Die Spalten von M beschreiben die Verteilung der hellen und dunklen Bildpunkte zur Codierung eines schwarzen Punktes in einem 2-aus-$(4n-1)$ visuellen Kryptographie-Schema.

Im Beispiel ergibt sich das folgende 2-aus-7 visuelle Kryptographie-Schema. Jeder Punkt wird in 7 Teilpunkte zerlegt. Soll ein weißer Bildpunkt codiert werden, so werden zufällig 3 Teilpunkte ausgewählt, die auf allen Folien schwarz gefärbt werden.

Soll ein dunkler schwarzer Punkt codiert werden, so nummeriert man die 7 Teilpunkte zufällig durch. Die i-te Zeile von M zeigt an, welche drei Teilpunkte auf der i-ten Folie schwarz gefärbt werden sollen. Im Beispiel sind also die Teilpunkte 2, 4 und 6 der ersten Folie schwarz, auf der zweiten Folie sind es die Teilpunkte 1, 4 und 5 usw.

Der Kontrast dieses Verfahrens ist $\frac{5}{7} - \frac{3}{7} = \frac{2}{7}$.

Diese Konstruktion wurde 1999 von C. BLUNDO, A. DE SANTIES und D.R. STINSON [6] entdeckt. Sie konnten zeigen, dass der Kontrast bei diesem Verfahren optimal ist und dass dieses Verfahren unter allen Verfahren mit optimalem Kontrast die geringste Anzahl an Teilpunkten benötigt. Wir wollen an dieser Stelle einige ihrer Ergebnisse nachvollziehen.

Als erstes zeigen wir, dass die Konstruktion von 2-aus-n Schemata mit Hadamard-Matrizen den bestmöglichen Kontrast liefert.

Satz 4.6

In jedem 2-aus-n Schema zur visuellen Kryptographie ist der Kontrast α höchstens

$$\alpha \geq \frac{\lfloor n/2 \rfloor \lceil n/2 \rceil}{n(n-1)} = \begin{cases} \frac{n}{4n-4} & \text{, falls } n \text{ gerade ist} \\ \frac{n+1}{4n} & \text{, falls } n \text{ ungerade ist.} \end{cases}$$

Dabei bezeichnet mit $\lfloor x \rfloor$ das Abrunden von x auf die nächste ganze Zahl, also $\lfloor 1.7 \rfloor = 1$, $\lfloor -2.1 \rfloor = -3$. Mit $\lceil x \rceil$ bezeichnet man das Aufrunden von x, also $\lceil 1.7 \rceil = 2$.

Beweis: Beim Übereinanderlegen von Folien, kann der Anteil schwarzer Teilpunkte niemals kleiner werden. Um einen hellen Punkt so hell wie möglich zu halten, wählen wir daher auf allen Folien das gleiche Muster. Wir müssen uns also nur anschauen, wie ein schwarzer Punkt codiert wird.

Die Anzahl der Teilpunkte sei m und der Kontrast des Schemas sei α, d.h. bei der Codierung eines dunklen Punktes ist der Anzahl der dunklen Teilpunkte um mindestens $\alpha \cdot m$ größer als die Anzahl der dunklen Teilpunkte bei der Codierung eines hellen Punktes. Außerdem ist die Anzahl der dunklen Teilpunkte bei der Codierung eines hellen Punktes mindestens gleich der Anzahl der dunklen Teilpunkte auf einer einzelnen Folie.

Für die Codierung eines schwarzen Punktes bedeutet das, dass für je zwei Folien αm Teilpunkte existieren müssen, die auf der ersten Folie weiß und auf der zweiten Folie schwarz sind. Alle möglichen Folienpaare zusammen liefern daher mindestens $n(n-1)\alpha m$ solche Weiß-Schwarz-Kombinationen.

Nun fragen wir uns wie groß der Beitrag eines einzelnen Teilpunktes zur Gesamtanzahl der Weiß-Schwarz-Kombination sein kann. Ist der Punkt auf i

Folien weiß und auf $n-i$ Folien schwarz gefärbt $(0 \le i \le n)$, so ist sein Beitrag zur Anzahl der Weiß-Schwarz-Kombinationen $i(n-i)$. Die Größe $i(n-i)$ erreicht ihr Maximum bei $i = \lfloor n/2 \rfloor$ oder $i = \lceil n/2 \rceil$. (Dies wird klar, wenn man für $x = \frac{n}{2} - i$ die folgende Gleichung $i(n-i) = (\frac{n}{2} - x)(\frac{n}{2} + x) = \frac{n^2}{4} - x^2$ aufstellt.) Also gilt für die Anzahl A der Weiß-Schwarz-Kombinationen

$$n(n-1)(\alpha \cdot m) \le A \le m \lfloor n/2 \rfloor \lceil n/2 \rceil \ .$$

Auflösen der Ungleichung nach α liefert das gewünschte Ergebnis. $\square$
(Man vergleiche diesen Beweis mit dem Beweis der Plotkin-Schranke.)

Die Konstruktion eines 2-aus-$(4n - 1)$ Schemas aus einer $(4n) \times (4n)$ Hadamard-Matrix liefert also eine Lösung mit bestmöglichem Kontrast. Es bleibt noch die Frage zu klären, wie es mit der Anzahl der Teilpunkte aussieht. Ist die Konstruktion über Hadamard-Matrizen auch hierfür optimal?

Beispiel

Die Konstruktion eines 2-aus-7 Schemas über Hadamard-Matrizen liefert einen Kontrast von $\frac{2}{7}$, benötigt aber 7 Teilpunkte. Allerdings kann man auf die folgende Weise sogar ein 2-aus-10 Schema konstruieren, das mit nur 5 Teilpunkten auskommt.

Soll ein heller Bildpunkt codiert werden, so wählen wir zufällig 2 der 5 Teilpunkte aus und färben sie auf allen Folien schwarz. Bei Codierung eines dunklen Bildpunktes dürfen keine zwei Folien übereinstimmen. Da $10 = \binom{5}{2}$ ist, ist es möglich, auf jeder Folie zwei unterschiedliche Teilpunkte schwarz zu färben.

Im Gegensatz zu den bisher besprochenen Verfahren hängt bei diesem Verfahren der Kontrast des rekonstruierten Bildes von den ausgewählten Teilnehmern ab. Er ist entweder $\frac{1}{5}$ (falls z.B. die Teilpunkte $\{1, 2\}$ und $\{2, 3\}$ schwarz sind) oder $\frac{2}{5}$ (falls z.B. die Teilpunkte $\{1, 2\}$ und $\{3, 4\}$ schwarz sind). Wir erinnern daran, dass der Kontrast des visuellen Kryptographie-Schemas als der minimale erreichte Kontrast definiert ist. In diesem Fall ist der Kontrast des Schemas also $\frac{1}{5}$.

Für eine größere Anzahl von Folien kann die Anzahl der Teilpunkte noch stärker von dem kontrastoptimalen Schema abweichen. So kann man mit 7 Teilpunkten bereits ein 2-aus-35 Schema konstruieren ($\binom{7}{3} = 35$). Die Konstruktion mit Hadamard-Matrizen braucht aber 35 Teilpunkte. Allerdings steigt dann der Kontrast von $\frac{1}{7} \approx 0,14$ auf $\frac{9}{35} \approx 0,26$.

Das obige Verfahren liefert eine Lösung mit der kleinstmöglichen Anzahl von Teilpunkten. Um dies einzusehen, fragen wir uns: Wenn wir jeden Punkt in m Teilpunkte zerlegen, was ist die größte Anzahl n, für die wir noch ein 2-aus-n Schema mit m Teilpunkten konstruieren können?

Mit $S_1, \ldots, S_n$ bezeichnen wir die Menge der schwarzen Teilpunkte auf den Folien bei der Codierung eines dunklen Punktes. Es ist klar, dass beim Übereinanderlegen von zwei Folien die Anzahl der schwarzen Teilpunkte nicht sinken kann. Damit wir helle und dunkle Punkte unterscheiden können, muss bei der Codierung eines dunklen Punktes die Anzahl der schwarzen Teilpunkte auf zwei Folien größer sein als die auf einer Folie allein. Dies bedeutet, dass für $i \ne j$ die Bedingung $S_i \not\subset S_j$ gelten muss, d.h. es gibt mindestens einen Teilpunkt der auf der i-ten Folie schwarz und auf der j-ten Folie weiß ist.

Eine Familie $S_1, \ldots, S_n$ von Teilmengen von $\{1, \ldots, m\}$ mit dieser Eigenschaft heißt *Antikette*. Die obige Konstruktion basiert auf der Antikette aller Teilmengen der Größe $\lfloor m/2 \rfloor$. Um die Optimalität der Konstruktion zu beweisen müssen wir nur noch zeigen, dass es keine größere Antikette gibt. Dies ist die Aussage des Satzes von SPERNER (1928).

Satz 4.7

Eine Antikette von $\{1, \ldots, m\}$ enthält höchstens $\binom{m}{\lfloor m/2 \rfloor}$ Elemente.

Der folgende sehr elegante Beweis des Satzes von Sperner wurde von Lubell gefunden. Er ist so schön, dass AIGNER und ZIEGLER überzeugt sind, dass er in DEM BUCH, in dem Gott zu jedem mathematischen Satz den schönsten Beweis notiert, steht [1]. (Der Witz mit DEM BUCH geht auf den Kombinatoriker PAUL ERDÖS zurück, der Vorträge damit aufzulockern pflegte, dass er erzählte, dass er sich zumindest bei einem vom ihm gefundenen Beweis ganz sicher ist, dass er im DEM BUCH steht.) Da dieser Beweis so schön ist, soll er Ihnen an dieser Stelle natürlich nicht vorenthalten werden.

Beweis: Die Idee des Beweises besteht darin, alle Ketten der Form $\emptyset = K_0 \subset K_1 \subset \ldots \subset K_m = \{1, \ldots, m\}$ zu betrachten, wobei $|K_i| = i$ für $i = 0, \ldots, m$. Wir erhalten eine solche Kette, in dem wir die Elemente von $\{1, \ldots, m\}$ Schritt für Schritt hinzufügen. Es gibt also für jede Permutation von $\{1, \ldots, m\}$ eine solche Kette. Die Anzahl der Ketten ist somit $m!$.

Betrachten wir nun eine Menge S und fragen uns, wie viele Ketten S enthalten. Die Antwort ist wieder ganz einfach. Zuerst fügen wir Schritt für Schritt ein Element von S hinzu, um von $\emptyset$ zu S zu gelangen. Anschließend fügen wir Schritt für Schritt die anderen Elemente hinzu, um von S zu $\{1, \ldots, m\}$ zu gelangen. Ist S eine k-elementige Menge gibt es also $k!(m-k)!$ Ketten durch S.

Nun können wir den Beweis abschließen. Die Anzahl der k-elementigen Teilmengen in unserer Antikette sei a_k. Die Anzahl der Ketten, die durch ein Element der Antikette gehen ist

$$\sum_{k=0}^{m} a_k k! (m-k)! \; .$$

Da nach Definition keine Kette durch zwei verschiedene Mitglieder einer Antikette gehen kann, ist diese Anzahl kleiner gleich der Gesamtzahl der Ketten:

$$\sum_{k=0}^{m} a_k k! (m-k)! \leq m! \qquad \text{oder äquivalent} \qquad \sum_{k=0}^{m} \frac{a_k}{\binom{m}{k}} \leq 1 \; .$$

Wir ersetzen den Nenner durch den größtmöglichen Binomialkoeffizienten und erhalten

$$\frac{1}{\binom{m}{\lfloor m/2 \rfloor}} \sum_{k=0}^{m} a_k \leq 1 \; .$$

Dies bedeutet, dass die Antikette nicht mehr als $\sum_{k=0}^{m} a_k \leq \binom{m}{\lfloor m/2 \rfloor}$ Teilmengen enthält. $\qquad \Box$

Die Konstruktion von 2-aus-n Schemata über Hadamard-Matrizen liefert also optimalen Kontrast, aber nicht die kleinste mögliche Anzahl von Teilpunkten. Allerdings können wir uns statt der Frage „Wie viele Teilpunkte braucht ein 2-aus-n Schema mindestens?" auch die Frage „Wie viele Teilpunkte brauchen wir mindestens bei einem 2-aus-n Schema mit optimalen Kontrast?" stellen. Hier lautet die Antwort: Die Konstruktion über Hadamard-Matrizen ist die bestmögliche.

Satz 4.8

Es sei $n \in \mathbb{N}$. Ein 2-aus-$(4n-1)$ Schema zur visuellen Kryptographie mit Kontrast $\frac{n}{4n-1}$ benötigt mindestens $4n-1$ Teilpunkte, um einen Bildpunkt zu codieren.

Beweis: Wir zeigen sogar eine etwas stärkere Aussage. Bei jedem 2-aus-n Schema zur visuellen Kryptographie mit Kontrast $\alpha > \frac{1}{4}$ ist die Anzahl der zur Codierung benötigten Teilpunkte m mindestens so groß wie n.

Bei einem 2-aus-n Schema werde jeder Punkt durch m Teilpunkte codiert. Betrachten Sie einen typischen dunklen Punkt. Wir repräsentieren die m Teilpunkte auf den n Folien durch eine $n \times m$ Matrix. Eine 1 in der i-ten Zeile und j-ten Spalte bedeutet, dass der j-te Teilpunkt auf der i-ten Folie schwarz ist. Weiße Teilpunkte werden durch 0 codiert. Man kann die n-Zeilen dieser Matrix auch als Codewörter eines Codes C der Länge m auffassen.

Wie groß ist die Minimaldistanz d dieses Codes? Da das 2-aus-n Schema den Kontrast α hat, muss die Anzahl der schwarzen Teilpunkte beim Übereinanderlegen von zwei Folien um mindestens $\alpha \cdot m$ größer sein als die Anzahl der schwarzen Teilpunkte auf einer einzelnen Folie. Für den Code C bedeutet dies, dass der Abstand zwischen je zwei Codewörtern mindestens $2\alpha \cdot m$ ist. ($\alpha \cdot m$ Stellen, an denen das erste Codewort 1 ist und das zweite Codewort 0, und $\alpha \cdot m$ Stellen, an denen es sich genau umgekehrt verhält.) Wegen $d \geq 2\alpha \cdot m > \frac{1}{2}m$ kann die Plotkin-Schranke angewandt werden. Es gilt demnach

$$n \leq \frac{d}{d - \frac{m}{2}} \ .$$

Wir unterscheiden zwei Fälle.

Fall 1: $2d > m+1$. Dann folgt $n \leq \frac{d}{d-m/2} \leq d \leq m$, was zu zeigen war.

Fall 2: $2d = m+1$. In diesem Fall folgt zunächst nur $n \leq \frac{d}{d-m/2} \leq 2d = m+1$. Es wäre also noch ein 2-aus-n Schema mit nur $m = n-1$ Teilpunkten denkbar. Aber wie sähe ein Beispiel mit $n = m+1$ aus? Der Beweis der Plotkin-Schranke sagt uns, dass im Fall der Gleichheit je zwei Codewörter untereinander einen Abstand von genau d haben müssen. Die Interpretation der Codewörter als

Teilpunkte eines 2-aus-n Schemas zur visuellen Kryptographie sagt uns zusätzlich, dass es für je zwei Codewörter c_1 und c_2 genau $\frac{d}{2}$ Positionen gibt, an denen in c_1 eine Null und in c_2 eine Eins steht. (Andernfalls wäre der Kontrast kleiner als $\frac{d}{2}$.) Daher enthalten alle Codewörter die gleich Anzahl von Einsen, man sagt sie haben das gleiche *Gewicht*. Dieses Gewicht ist entweder kleiner als $\frac{m}{2}$ oder größer als $\frac{m}{2}$. (Da m ungerade ist kann es nicht gleich $m/2$ sein.) Wir können den Code C zu einem Code C' erweitern, in dem wir das Codewort $0\ldots 0$ bzw. das Codewort $1\ldots 1$ hinzunehmen. Das neue Codewort hat von allen anderen den Abstand $\geq d = \frac{m+1}{2}$. Die Plotkin-Schranke liefert angewandt auf C'

$$ n + 1 \leq \frac{d}{d - m/2} \leq 2d = m + 1 \ . $$

Damit ist der Fall $2d = m + 1$ auch hier ausgeschlossen. $\square$

Bisher haben wir nur kontrastoptimale 2-aus-n Schemata zur visuellen Kryptographie konstruiert, falls n die Form $n = 4k - 1$ mit $k \in \mathbb{N}$ hat. Die obigen Ideen können jedoch so abgewandelt werden, dass unter Annahme der Hadamardschen Vermutung für jedes mögliche n ein 2-aus-n Schema mit optimalem Kontrast und minimaler Anzahl von Teilpunkten konstruiert werden kann (siehe Aufgaben 4.7 und 4.8).

Da die Hadamard-Vermutung allerdings noch nicht bewiesen wurde, bleibt immer noch die Frage, ob es für alle n kontrastoptimale 2-aus-n Schemata gibt. Müssen wir wirklich warten bis jemand eine 668×668 Hadamard-Matrix entdeckt, um ein gutes 2-aus-667 Schema zur visuellen Kryptographie zu entwerfen? Die Antwort lautet nein. Verzichtet man auf die Forderung, dass die Anzahl der Teilpunkte möglichst klein sein soll, kann man auch ohne Hadamard-Matrizen kontrastoptimale 2-aus-n Schemata konstruieren.

Konstruktion 4.7

Für ein 2-aus-n aus Schema zerlegen wir jeden Punkt in $\binom{n}{\lfloor n/2 \rfloor}$ Teilpunkte. Auf jeder Folie werden $\binom{n-1}{\lfloor n/2 \rfloor - 1}$ Teilpunkte schwarz gefärbt.

Soll ein heller Punkt codiert werden, so wählt man auf jeder Folie die gleiche Kombination.

Für einen dunklen Punkt erzeugt man eine $n \times \binom{n}{\lfloor n/2 \rfloor}$ Matrix, bei der jede Spalte genau $\lfloor n/2 \rfloor$ Einsen und $\lceil n/2 \rceil$ Nullen enthält. Dabei müssen alle Spalten verschieden und die Reihenfolge der Spalten zufällig sein. Bei 5 Folien erhält man z.B. die bis auf die Reihenfolge der Spalten eindeutige Matrix

$$ \begin{pmatrix} 1 & 1 & 1 & 1 & 0 & 0 & 0 & 0 & 0 & 0 \\ 1 & 0 & 0 & 0 & 1 & 1 & 1 & 0 & 0 & 0 \\ 0 & 1 & 0 & 0 & 1 & 0 & 0 & 1 & 1 & 0 \\ 0 & 0 & 1 & 0 & 0 & 1 & 0 & 1 & 0 & 1 \\ 0 & 0 & 0 & 1 & 0 & 0 & 1 & 0 & 1 & 1 \end{pmatrix} \ . $$

Nun wird der j-te Punkt auf der i-ten Folie schwarz gefärbt, wenn der Eintrag in der i-ten Zeile und j-ten Spalte 1 ist.

Legt man zwei Folien übereinander, so ist die Anzahl der schwarzen Teilpunkte gleich $\binom{n}{\lfloor n/2 \rfloor} - \binom{n-2}{\lfloor n/2 \rfloor}$. (Die Anzahl der $\lfloor n/2 \rfloor$ elementigen Teilmengen, die i oder j ist gleich der Anzahl aller $\lfloor n/2 \rfloor$ elementigen Teilmengen ohne die $\lfloor n/2 \rfloor$ elementigen Teilmengen die i und j erhalten.)

Der Kontrast dieses Verfahren ist daher

$$
\begin{aligned}
\alpha &= \frac{\binom{n}{\lfloor n/2 \rfloor} - \binom{n-2}{\lfloor n/2 \rfloor} - \binom{n-1}{\lfloor n/2 \rfloor - 1}}{\binom{n}{\lfloor n/2 \rfloor}} \\
&= \frac{\binom{n-1}{\lfloor n/2 \rfloor} - \binom{n-2}{\lfloor n/2 \rfloor}}{\binom{n}{\lfloor n/2 \rfloor}} \\
&= \frac{\binom{n-2}{\lfloor n/2 \rfloor - 1}}{\binom{n}{\lfloor n/2 \rfloor}} \\
&= \frac{\lfloor n/2 \rfloor \lceil n/2 \rceil}{n(n-1)} \,.
\end{aligned}
$$

Das Verfahren ist also kontrastoptimal.

Allerdings braucht dieses Verfahren $\binom{667}{333} \approx 1,8 \cdot 10^{199}$ Teilpunkte, um ein 2-aus-667 Schema zu realisieren. Es ist daher nicht von praktischem, sondern nur von theoretischem Interesse.

Auf der CD befindet sich das Programm **2-aus-n**, dass die hier vorgestellten Methoden zur Konstruktion eines 2-aus-n Schemas zur visuellen Kryptographie benutzt. Das Programm versucht Verzerrungen des verschlüsselten Bildes zu vermeiden, indem es die Teilpunkte „möglichst quadratisch" anordnet. Dabei ist es jedoch nicht immer erfolgreich. Sie müssen also eventuell eine Verzerrung auf den Folien mit einem Bildbearbeitungsprogramm herausrechnen.

Die nötigen Hadamard-Matrizen sind in den Dateien H4.txt, H8.txt usw. gespeichert. Man kann bis $n = 11$ jedes kontrastoptimale 2-aus-n Schema erzeugen. Das

Programm lässt sich auch leicht auf noch größere n erweitern, indem man für die größeren Matrizen entsprechende Textdateien anlegt. In Internet findet man solche Dateien z.B. unter [35].

4.3 Optimierung

Wir wollen nun eine sehr allgemeine Konstruktionsmethode kennenlernen, mit deren Hilfe man für alle kleinen Werte von n und k ein optimales k-aus-n Schema zur visuellen Kryptographie erzeugen kann. Die Konstruktion basiert auf linearer Optimierung (oder auch linearer Programmierung).

Wir beginnen mit einem einfachen Beispiel für ein typisches Optimierungsproblem:

Beispiel

Ein Gärtner hat 1000 m^2 Anbaufläche zur Verfügung. Er kann entweder Blumen für 0.90 € pro Quadratmeter oder Gemüse für 0.60 € pro Quadratmeter anbauen. Insgesamt sollen nicht mehr als 720 € investiert werden. Es stehen höchstens 600 m^2 Anbaufläche für Blumen zur Verfügung. Der Gewinn pro Quadratmeter Blumen beträgt 2 € und der Gewinn pro Quadratmeter Gemüse beträgt 1 €.

Wie viel Quadratmeter Blumen bzw. Gemüse müssen angebaut werden, um den Gewinn zu maximieren?

Zunächst beschreiben wir die Situation mit Formeln:

Sei x_1 die Fläche mit Blumen und x_2 die Fläche mit Gemüse. Zu maximieren ist $2x_1 + x_2 = F(x_1, x_2)$.

Dabei gelten die Nebenbedingungen

$$
\begin{aligned}
x_1 + x_2 &\leq 1000 & &\text{(Größe der Anbaufläche)},\\
0.9x_1 + 0.6x_2 &\leq 720 & &\text{(investiertes Geld)},\\
x_1 &\leq 600 & &\text{(Fläche für Blumen)},\\
x_1 \geq 0 \; ; \; x_2 &\geq 0 & &\text{(Flächen sind nicht negativ)} \, .
\end{aligned}
$$

Jetzt können wir das Problem graphisch darstellen (Abbildung 4.7).

Das Paar (x_1, x_2) muss in dem grau markierten Bereich liegen.

Wo liegen alle Punkte mit $F(x_1, x_2) = 1000$ bzw. $F(x_1, x_2) = 1200$? Die Antwort ist, dass die Ortslinien dieser Punkte zwei paaralle Geraden sind (Abbildung 4.8).

Wir verschieben diese Gerade so lange nach oben, bis nur ein Punkt des grau markierten Bereiches getroffen wird. Dies ist $(600, 300)$ und mit dem Zielwert $F(600, 300) = 1500$. Der maximale Gewinn ist demnach 1500 € und wird mit dem Anbau von 600 m^2 Blumen und 300 m^2 Gemüse erreicht. 100 m^2 bleiben unbebaut.

An diesem Beispiel erkennen wir, dass

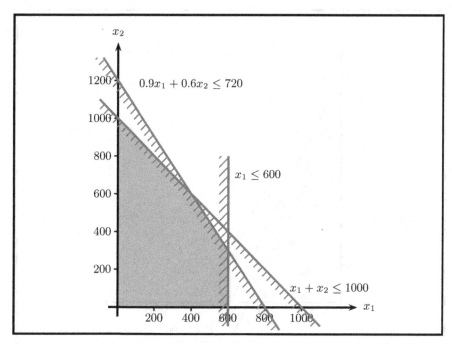

Abb. 4.7: Graphische Darstellung eines linearen Optimierungsproblems

1. der Bereich der zulässigen Lösungen konvex ist, d.h. es gibt keine einspringenden Ecken,
2. das Optimum in einer (nicht notwendigerweise eindeutigen) Ecke des zulässigen Bereiches angenommen wird.

Dies ist keine Besonderheit des Beispiels, sondern eine allgemeine Eigenschaft linearer Optimierungsprobleme, die wir hier jedoch nicht beweisen wollen (siehe z.B. [24]). Dies motiviert den folgenden Algorithmus (Simplexverfahren):

1. Starte in einer Ecke.
2. Laufe entlang einer Kante zu einer Ecke mit höherem Wert der Zielfunktion.
3. Wiederhole den zweiten Schritt so lange, bis die optimale Ecke erreicht wird.

Die Umsetzung dieser Idee gestaltet sich etwas schwieriger. Man muss unter anderem mit folgenden Problemen fertig werden.

• Wie finde ich die erste Ecke? Dies ist keine leichte Frage. Ihre Lösung erfordert, dass man ein anderes Optimierungsproblem lösen muss.
• Unter Umständen ist es sehr schwer, die Kante zu finden, entlang der man zu einer besseren Ecke kommt. Passt man nicht auf, kann es passieren, dass der Algorithmus in eine Endlosschleife gerät.

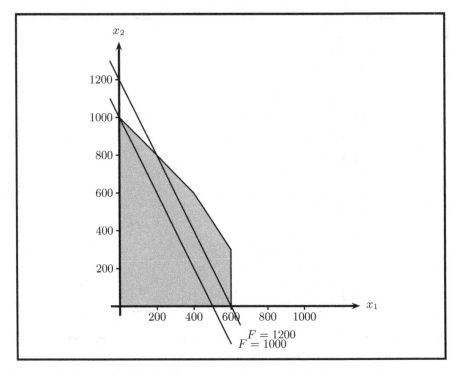

Abb. 4.8: Graphische Lösung eines linearen Optimierungsproblems

- Wenn man am Computer mit Fließkommazahlen arbeitet, muss man sehr vorsichtig sein, denn es können sich die Rundungsfehler der einzelnen Schritte hochschaukeln. Bei einem naiven Programm kann es passieren, dass das Ergebnis durch Rundungsfehler unbrauchbar wird.

Diese Probleme lassen sich alle lösen; machen das Simplexverfahren aber zu einem relativ aufwendigen Algorithmus, den wir an dieser Stelle nicht im Detail beschreiben wollen (siehe z.B. [24]). Für uns ist nur wichtig, dass sich lineare Optimierungsprobleme mit dem Simplexverfahren sehr effizient lösen lassen. In der Tat ist der Simplexalgorithmus trotz seiner einfachen Idee und seines mit 60 Jahren hohen Alters auch heute noch das meist eingesetzte Verfahren zum Lösen linearer Optimierungsprobleme. Erst in den beiden letzten Jahrzehnten sind mit den inneren Punktemethoden (siehe [29]) konkurrenzfähige Alternativen zum Simplexalgorithmus entstanden. Wir werden das Lösen von linearen Optimierungsproblemen den speziell dafür entwickelten Programmen, wie z.B. `glpk` und `zimpl`, die beide frei verfügbar sind überlassen.

Ein Detail aus der Theorie der linearen Optimierung müssen wir jedoch noch erwähnen. Der Simplexalgorithmus lässt sich am einfachsten formulieren, wenn das Problem in der sogenannten *Normalform* vorliegt. Diese verlangt unter anderem, dass die einzig vorkommenden Ungleichungen die Form $x_i \geq 0$

haben. Eine Ungleichung wie

$$x_1 + x_2 \leq 1000$$

wird daher durch

$$x_1 + x_2 + y = 1000 \quad \text{und} \quad y \geq 0$$

ersetzt. Man nennt die zusätzlich eingefügten Variablen *Schlupfvariablen*. Ein Programm zur linearen Optimierung wird diese Umformungen automatisch vornehmen. Es ist jedoch wichtig zu wissen, dass Ungleichungen die Anzahl der Variablen um eins erhöhen, was auch einen erhöhten Rechenaufwand bedeutet.

Wir werden jetzt das Problem eines k-aus-n Schemas zur visuellen Kryptographie als lineares Programm formulieren. Wir werden sogar ein etwas allgemeineres Problem lösen:

Es ist allgemein bei Verfahren zu geteilten Geheimnissen nicht nötig, dass alle Partner gleichberechtigt sind. Zum Beispiel könnten einige der Teilnehmer Vorgesetze der anderen sein. Man möchte, dass ein Vorgesetzter zusammen mit einem beliebigen anderen Teilnehmer in der Lage ist, das Geheimnis zu rekonstruieren. Alternativ sollen auch drei normale Teilnehmer das Geheimnis rekonstruieren können. Man könnte diese Anforderung mit einem 3-aus-n Schema erfüllen, in dem man jedem Vorgesetzen zwei Teilgeheimnisse mitteilt. Allerdings lassen sich oft besser Ergebnisse erzielen, wenn man ein speziell angepasstes Verfahren benutzt.

Um dieses allgemeinere Verfahren geteilter Geheimnisse formal fassen zu können, legen wir für jede Teilmenge der beteiligten Personen fest, ob sie berechtigt ist, das Geheimnis zu rekonstruieren oder nicht. Auf diese Weise erhalten wir die Menge Γ_{Qual} aller qualifizierten Teilnehmerkoalitionen und die Menge Γ_{Forb} der verbotenen (eng.: forbidden) Teilnehmerkoalitionen.

Beispiel

Wir haben vier Personen $P_1, \ldots, P_4$. P_4 soll ein Vorgesetzter sein, der das Geheimnis zusammen mit einer weiteren Person rekonstruieren darf:

$$\{P_1, P_4\}, \{P_2, P_4\}, \{P_3, P_4\} \in \Gamma_{Qual} \, .$$

Alternativ können auch P_1, P_2, P_3 zusammen das Geheimnis rekonstruieren:

$$\{P_1, P_2, P_3\} \in \Gamma_{Qual} \, .$$

Selbstverständlich ist es auch möglich, dass der Vorgesetze zusammen mit zwei weiteren Mitarbeitern oder alle vier Teilnehmer zusammen das Geheimnis rekonstruieren. Also gilt

$$\Gamma_{Qual} = \{\{P_1, P_4\}, \{P_2, P_4\}, \{P_3, P_4\}, \{P_1, P_2, P_3\}, \{P_1, P_2, P_4\},$$
$$\{P_1, P_3, P_4\}, \{P_2, P_3, P_4\}, \{P_1, P_2, P_3, P_4\}\}$$
$$\Gamma_{Forb} = \{\emptyset, \{P_1\}, \{P_2\}, \{P_3\}, \{P_4\}, \{P_1, P_2\}, \{P_1, P_3\}, \{P_2, P_3\}\} \, .$$

Man erkennt, dass jede mögliche Teilnehmerkoalition entweder qualifiziert oder verboten sein muss. Außerdem dürfen alle Teilnehmer zusammen immer des Geheimnis rekonstruieren: $\{P_1, ..., P_n\} \in \Gamma_{Qual}$. Das Geheimnis ist nicht allgemein bekannt, d.h. mindestens einer wird benötigt, um es zu rekonstruieren: $\emptyset \in \Gamma_{Forb}$. Außerdem gilt: Ist eine Teilmenge A von Personen qualifiziert, so ist auch jede größere Teilmenge B von Personen qualifiziert. Für $A \subset B$ gilt also

$$A \in \Gamma_{Qual} \Rightarrow B \in \Gamma_{Qual} \quad \text{und} \quad B \in \Gamma_{Forb} \Rightarrow A \in \Gamma_{Forb} \; .$$

Abgesehen von diesen Konsistenzbedingungen sind wir vollkommen frei in der Wahl der Mengen Γ_{Qual} und Γ_{Forb}. Man kann beweisen, dass man mit dem in diesem Abschnitt entwickelten Verfahren für jede Wahl von Γ_{Qual} und Γ_{Forb} ein optimales Verfahren zur visuellen Kryptographie findet. Wir werden diesen Nachweis auf Kapitel 5 verschieben.

Wir wollen nun die Suche nach visuellen Kryptographie-Schemata als ein lineares Optimierungsproblem beschreiben.

Als erstes stellen wir fest, dass es auch hier ausreicht, einen einzelnen Bildpunkt zu betrachten, da wir jeden Punkt unabhängig von allen anderen codieren können. Wir benötigen zwei Foliensets. Das eine Set beschreibt einen hellen Bildpunkt, das andere Set einen dunklen Bildpunkt.

Für jede Teilmenge $S \subset \{1, ..., n\}$ sei $x_S^{(h)}$ die Anzahl der Teilpunkte bei der Codierung eines hellen Punktes, die auf den Folien i mit $i \in S$ schwarz sind, aber auf allen anderen Folien weiß. Die entsprechende Anzahl für Codierung eines dunklen Punktes sei $x_S^{(d)}$.

Beispiel

Das einfache visuelle Kryptographie-Schema mit zwei Folien basiert auf den folgende Gleichungen:

In diesem Fall ist also $x_{\{1\}}^{(h)} = 0$, $x_{\{2\}}^{(h)} = 0$, $x_{\{1,2\}}^{(h)} = 2$, $x_{\{1\}}^{(d)} = 2$, $x_{\{2\}}^{(d)} = 2$ und $x_{\{1,2\}}^{(d)} = 0$.

Damit die Sicherheit gewahrt bleibt, müssen wir als notwendige Bedingung fordern, dass für jede verbotene Koalition das Übereinanderlegen der entsprechen Folien unabhängig von der Farbe des codierten Bildpunktes einen einheitlichen Grauton liefert, d.h. die Anzahl der schwarzen Teilpunkte ist in beiden Fällen gleich. (Dies ist zunächst nur eine notwendige Bedingung. Wenn wir allerdings zusätzlich vereinbaren, dass wir die Reihenfolge der Teilpunkte bei jedem Punkt zufällig permutieren, wird diese Bedingung auch hinreichend.)

Beispiel

Für ein 2-aus-2 Schema bedeuten diese Forderungen

$$x_{\{1\}}^{(h)} + x_{\{1,2\}}^{(h)} = g_{\{1\}} = x_{\{1\}}^{(d)} + x_{\{1,2\}}^{(d)}$$

und

$$x_{\{2\}}^{(h)} + x_{\{1,2\}}^{(h)} = g_{\{2\}} = x_{\{2\}}^{(d)} + x_{\{1,2\}}^{(d)} \ .$$

Dabei beschreiben $g_{\{1\}}$ bzw. $g_{\{2\}}$ den Anteil schwarzer Teilpunkte auf der ersten bzw. zweiten Folien.

Man überprüft leicht, dass in unserem Einführungsbeispiel ($g_{\{1\}} = g_{\{2\}} = 2$) diese Gleichungen erfüllt sind.

Für eine qualifizierte Teilnehmerkoalition T fordern wir, dass die Anzahl der schwarzen Teilpunkte bei der Codierung eines dunklen Punktes größer sein muss als die Anzahl der schwarzen Teilpunkte bei der Codierung eines hellen Punktes. Beim Übereinanderlegen der Folien mit den Nummern $i \in T$ erhalten wir einen schwarzen Teilpunkt, wenn wenigstens eine Folie an dieser Stelle schwarz ist, d.h. ein Teilpunkt wird schwarz, wenn es ein S mit $S \cap T \neq \emptyset$ gibt und er auf den Folien mit Nummer $i \in S$ schwarz und auf allen anderen Folien weiß ist. Dies führt auf die Ungleichung

$$\sum_{S \cap T \neq \emptyset} x_S^{(h)} < \sum_{S \cap T \neq \emptyset} x_S^{(d)} \ .$$

In dieser Form können wir die Ungleichung jedoch nicht stehen lassen, da der Simplexalgorithmus nur für Probleme mit Ungleichungen der Form $\ldots \leq \ldots$ und nicht für echte Ungleichungen ($\ldots < \ldots$) geeignet ist. Allerdings wissen wir, dass die Anzahl der schwarzen Teilpunkte immer ganzzahlig sein muss, daher können wir die obige Ungleichung auch wie folgt schreiben:

$$\sum_{S \cap T \neq \emptyset} x_S^{(h)} = g_T^{(h)} \ ,$$

$$\sum_{S \cap T \neq \emptyset} x_S^{(d)} = g_T^{(d)}$$

und

$$g_T^{(h)} + 1 \leq g_T^{(d)} \ .$$

Beispiel

Für ein 2-aus-2 Schema bedeutet diese Forderung

$$x_{\{1\}}^{(h)} + x_{\{2\}}^{(h)} + x_{\{1,2\}}^{(h)} = g_{\{1,2\}}^{(h)} \quad \text{und} \quad x_{\{1\}}^{(d)} + x_{\{2\}}^{(d)} + x_{\{1,2\}}^{(d)} = g_{\{1,2\}}^{(d)}$$

mit $g_{\{1,2\}}^{(h)} + 1 \leq g_{\{1,2\}}^{(d)}$.

In unserem Einführungsbeispiel ist $g_{\{1,2\}}^{(h)} = 2$ und $g_{\{1,2\}}^{(d)} = 4$.

Damit hätten wir alle Bedingungen beschrieben, die erfüllt sein müssen, damit ein Schema zur visuellen Kryptographie funktioniert und sicher ist.

Jede Lösung der obigen Gleichungen beschreibt also ein Schema zur visuellen Kryptographie. Nun wollen wir jedoch nicht irgendwelche Schemata konstruieren, sondern wir suchen nur die jeweils besten. Dazu müssen wir jedoch zunächst die Frage beantworten: Was meinen wir mit „das beste Schema"?

Es gibt zumindest zwei plausible Antworten. Entweder suchen wir Schemata, die mit einer minimalen Anzahl an Teilpunkten auskommen, oder wir suchen Schemata, die den bestmöglichen Kontrast zwischen hell und dunkel liefern. Im letzten Abschnitt haben wir am Beispiel der 2-aus-n Schemata gesehen, dass dies zwei unterschiedliche Fragestellungen sind.

Wir behandeln zunächst den einfacheren Fall, dass wir die Anzahl der Teilpunkte minimieren wollen. Es ist klar, dass die Anzahl der Teilpunkte mindestens so groß ist wie die Anzahl der schwarzen Teilpunkte, die bei irgendeiner Kombination von Folien erreicht wird. Die größte Anzahl von schwarzen Teilpunkten wird erreicht, wenn man alle Folien übereinanderlegt und einen dunklen Punkt betrachtet. In diesem Fall ist es auch nicht sinnvoll noch weiße Teilpunkte zu haben. (Teilpunkte, die nie schwarz werden können, machen das Schema nur schlechter.)

Wollen wir bei n Folien also möglichst wenige Teilpunkte erzeugen, so müssen wir $g^{(d)}_{\{1,\dots,n\}}$ minimieren.

Beispiel

Wir wollen das einfache Schema zur visuellen Kryptographie mit nur zwei Folien mit Hilfe der oben beschriebenen Methode konstruieren.

Da es nur zwei Teilnehmer gibt, ist die Anzahl der Variablen und Gleichungen sehr gering. Wir benötigen die Variablen $x^{(h)}_{\{1\}}$, $x^{(h)}_{\{2\}}$, $x^{(h)}_{\{1,2\}}$, $x^{(d)}_{\{1\}}$, $x^{(d)}_{\{2\}}$, $x^{(2)}_{\{1,2\}}$, $g_{\{1\}}$, $g_{\{2\}}$, $g^{(h)}_{\{1,2\}}$, $g^{(d)}_{\{1,2\}}$. All diese Variablen sind ganzzahlig und nicht negativ.

Die Gleichungen zur Beschreibung eines hellen Punktes lauten:

$$x^{(h)}_{\{1\}} + x^{(h)}_{\{1,2\}} = g_{\{1\}} \ ,$$

$$x^{(h)}_{\{2\}} + x^{(h)}_{\{1,2\}} = g_{\{2\}} \ ,$$

$$x^{(h)}_{\{1\}} + x^{(h)}_{\{2\}} + x^{(h)}_{\{1,2\}} = g^{(h)}_{\{1,2\}} \ .$$

Die Gleichungen zur Beschreibung eines dunklen Punktes lauten:

$$x^{(d)}_{\{1\}} + x^{(d)}_{\{1,2\}} = g_{\{1\}} \ ,$$

$$x^{(d)}_{\{2\}} + x^{(d)}_{\{1,2\}} = g_{\{2\}} \ ,$$

$$x^{(d)}_{\{1\}} + x^{(d)}_{\{2\}} + x^{(d)}_{\{1,2\}} = g^{(d)}_{\{1,2\}} \ .$$

Zusätzlich gilt $g^{(d)}_{\{1,2\}} \geq g^{(h)}_{\{1,2\}} + 1$.

Unser Ziel ist $g^{(d)}_{\{1,2\}}$ zu minimieren.

Man sieht, dass bereits dieser sehr einfache Fall 10 Variablen und 7 Nebenbindungen zur Beschreibung benötigt.

Durch geschickte Formulierung des linearen Optimierungsproblems kann man auf die Variablen $g^{(*)}_T$ verzichten und dabei auch die Anzahl der Nebenbedingungen vermindern (siehe Aufgabe 4.9). Wir brauchen uns jedoch keine Gedanken zu machen, dass die zusätzlichen Variablen und Gleichungen zusätzliche Rechenzeit kosten. Jedes (gute) Programm zur linearen Optimierung verfügt über einen Präprozessor, der solche Variablen vor der eigentlichen Rechnung automatisch entfernt.

Ein letztes Problem ergibt sich aus der Forderung, dass alle Variablen Anzahlen beschreiben und daher ganzzahlig sein müssen. Das Simplexverfahren zur Lösung von linearen Optimierungsproblem kann nur mit reellwertigen Variablen umgehen. Man löst ganzzahlige lineare Optimierungsprobleme in der Regel, indem man zunächst die Ganzzahligkeitsbedingung vergisst und den Simplexalgorithmus anwendet. Hat man Glück, so ist die Lösung bereits zufällig ganzzahlig. Wenn nicht, erstellt man zusätzliche Nebenbedingungen, die keine mögliche ganzzahlige Lösung, aber das gefundene nicht ganzzahlige Optimum ausschließen. Man wiederholt nun die Anwendung des Simplexalgorithmus bis ein ganzzahliges Optimum erreicht wird. Dies kann unter Umständen lange dauern. Man kann sogar zeigen, dass ganzzahlige lineare Optimierung NP-vollständig ist. Unter NP (Nichtdeterministisch Polynomielle Zeit) versteht man grob gesagt all diejenigen Probleme, bei denen man eine einmal gefundene Lösung leicht verifizieren kann. Die NP-vollständigen Probleme bilden die schwersten Probleme der Klasse NP und es wird allgemein angenommen, dass sie hoffnungslos schwer sind. Die Präzisierung dieser Aussagen erfolgt in der theoretischen Informatik und kann z.B. in [31] nachgelesen werden.

Unser Problem wird dadurch etwas leichter, dass mit den Variablen $x_S^{(*)}$ auch automatisch alle Variablen $g_S^{(*)}$ ganzzahlig werden. (Die Umkehrung dieser Aussage gilt auch, ist aber nicht ganz so leicht zu sehen, vergleiche Kapitel 5.) Dadurch bleiben die Rechenzeiten trotz dieser zusätzlichen Schwierigkeit relativ klein.

Das Programm **optimize** erlaubt dem Benutzer eine beliebige Menge der qualifizierten Teilnehmer zu definieren.

Mit einem Klick auf den Knopf `Berechnen des Visuellen Kryptographie-Schemas` kann man nun den Computer anweisen, das zugehörige lineare Optimierungsproblem zu generieren und zu lösen. Bei der Lösung kommen die bereits erwähnten Programme **mplsol** und **zimpl** zum Einsatz. Zusätzlich zu den bereits besprochenen Optimierungstechniken benutzt das Programm auch die im Folgenden noch zu besprechende Kontrastoptimierung, um unter allen Lösungen mit minimaler Anzahl von Teilpunkten diejenige mit dem bestmöglichen Kontrast zu finden.

Wenn man will, kann man sich nun mit `Erzeugen eines Foliensatzes` ein entsprechendes Beispiel generieren lassen. Aus praktischen Gründen sollte dabei der Kontrast $\alpha \geq 1/10$ und die Anzahl der Teilpunkte $m \leq 25$ sein.

Wenden wir uns nun dem Ziel zu, ein Verfahren mit möglichst hohem Kontrast zu finden. Wir erinnern uns, dass der Kontrast der Unterschied zwischen der Anzahl der schwarzen Teilpunkte bei einem dunklen bzw. hellen Bildpunkt im Verhältnis zur Gesamtzahl der Teilpunkte ist. Mit den Variablen, die wir eingeführt haben, können wir daher den Kontrast des Bildes, das durch das Übereinanderlegen der Folien i, mit $i \in S$, entsteht, durch $\frac{g_S^{(d)} - g_S^{(h)}}{g_{\{1,\ldots,n\}}^{(d)}}$ beschreiben. Der Kontrast der visuellen Kryptographie-Schemata ist dann

$$\alpha = \min_{S \in \Gamma_{Qual}} \frac{g_S^{(d)} - g_S^{(h)}}{g_{\{1,\ldots,n\}}^{(d)}} \ .$$

Dies ist jedoch eine nichtlineare Funktion und daher als Zielfunktion für das Simplexverfahren ungeeignet. Ein Trick hilft: Wir dividieren in Gedanken alle Variablen durch die (noch unbekannte) Anzahl der Teilpunkte. Damit liegen die Variablen zwischen 0 und 1 und repräsentieren die relativen Anteile der schwarzen Teilpunkte, anstatt ihre absolute Anzahl. Gleichungen die nur Variablen miteinander in Beziehung setzen, können unverändert übernommen werden. Die Gleichungen vom Typ

$$g_T^{(h)} + 1 \leq g_T^{(d)}$$

müssen durch

$$g_T^{(h)} + \alpha \leq g_T^{(d)}$$

ersetzt werden, wobei α den Kontrast beschreibt.

Beispiel

Wir wollen das einfache Schema zur visuellen Kryptographie mit nur zwei Folien mit Hilfe der oben beschriebenen Methode konstruieren.

Da es nur zwei Teilnehmer gibt, ist die Anzahl der Variablen und Gleichungen sehr gering. Wir benötigen die Variablen $x_{\{1\}}^{(h)}$, $x_{\{2\}}^{(h)}$, $x_{\{1,2\}}^{(h)}$, $x_{\{1\}}^{(d)}$, $x_{\{2\}}^{(d)}$, $x_{\{1,2\}}^{(2)}$, $g_{\{1\}}$, $g_{\{2\}}$, $g_{\{1,2\}}^{(h)}$, $g_{\{1,2\}}^{(d)}$. All diese Variablen liegen im Intervall $[0,1]$.

Die Gleichungen zur Beschreibung eines hellen Punktes lauten:

$$x_{\{1\}}^{(h)} + x_{\{1,2\}}^{(h)} = g_{\{1\}} \ ,$$
$$x_{\{2\}}^{(h)} + x_{\{1,2\}}^{(h)} = g_{\{2\}} \ ,$$
$$x_{\{1\}}^{(h)} + x_{\{2\}}^{(h)} + x_{\{1,2\}}^{(h)} = g_{\{1,2\}}^{(h)} \ .$$

Die Gleichungen zur Beschreibung eines dunklen Punktes lauten:

$$x^{(d)}_{\{1\}} + x^{(d)}_{\{1,2\}} = g_{\{1\}} \,,$$

$$x^{(d)}_{\{2\}} + x^{(d)}_{\{1,2\}} = g_{\{2\}} \,,$$

$$x^{(d)}_{\{1\}} + x^{(d)}_{\{2\}} + x^{(d)}_{\{1,2\}} = g^{(d)}_{\{1,2\}} \,.$$

Zusätzlich gilt $g^{(d)}_{\{1,2\}} \geq g^{(h)}_{\{1,2\}} + \alpha$.
Unser Ziel ist α zu maximieren.

Auf diese Weise können wir nichtlineare Ausdrücke in unserem Optimierungsproblem vermeiden. Das Simplexverfahren ist also anwendbar und liefert uns die Lösung für ein kontrastoptimales Schema. Da wir diesmal keine Ganzzahligkeitsbedingung erfüllen müssen, ist das lineare Optimierungsproblem sogar leichter zu lösen als beim letzten Mal.

Da alle Koeffizienten in unserem Problem ganzzahlig sind, wird die optimale Lösung nur aus rationalen Zahlen bestehen, die als Verhältnis von schwarzen Teilpunkten zur Gesamtzahl der Teilpunkte interpretiert werden können.

Das Programm **optimize2** entspricht vom Aufbau her dem Programm **optimize**. Nur löst es das Optimierungsproblem für kontrastoptimale Schemata.

Aufgaben

4.1 Wie hoch wird der Kontrast bei dem 2-aus-3 Schema, wenn man alle drei Folien übereinanderlegt?

4.2 Zeigen Sie für das 3-aus-3 Schema der Einleitung formal, dass je zwei Folien keine Information über das geheime Bild liefern.

4.3 So wie wir das n-aus-n Schema in Konstruktion 4.4 beschrieben haben, müssen wir die 2^{n-1} Teilpunkte zufällig mit den 2^{n-1} verschiedenen Teilmengen gerader bzw. ungerader Mächtigkeit nummerieren. Dies bedeutet, dass wir für jeden Punkt eine Zufallszahl zwischen 1 und $(2^{n-1})!$ generieren müssen.

Für $n = 3$ würde das bedeuten, dass wir eine Zufallszahl zwischen 1 und 24 benötigen. Die spezialisierte Konstruktion 4.2 benötigt deutlich kleinere Zufallszahlen. Welche?

4.4 Muss man bei einem Verfahren für die Codierung eines Punktes eine Zufallszahl zwischen 1 und r erzeugen, so sagt man das Verfahren benötigt die Zufälligkeit r. Konstruktion 4.4 zeigt uns, dass ein n-aus-n Schema mit einer Zufälligkeit von von $(2^{n-1})!$ existiert. Da Zufallszahlen relativ aufwendig zu erzeugen sind, ist man an der kleinsten möglichen Zufälligkeit interessiert.

Zeigen Sie: Die Zufälligkeit r eines n-aus-n Schemas ist mindestens $r \geq 2^{n-1}$.

In [7] wird eine Modifikation des n-aus-n Schemas aus Konstruktion 4.4 entwickelt, die mit einer Zufälligkeit von 2^{n-1} auskommt. Die hier bewiesene Schranke ist also scharf.

4.5 Bei der Konstruktion 4.6 eines 2-aus-$(4n - 1)$ Schemas haben wir eine Zufälligkeit von $(4n - 1)!$ benutzt. Versuchen Sie mit einer Zufälligkeit von nur $4n - 1$ auszukommen.

Diese Aufgabe liefert eine obere Schranke für die notwendige Zufälligkeit eines 2-aus-n Schemas. In [7] wird gezeigt, dass diese Schranke scharf ist.

4.6 Zeigen Sie, dass die einzigen Antiketten, die den Satz von Sperner mit Gleichheit erfüllen, die Familie der Teilmengen von der Größe $\lfloor m/2 \rfloor$ bzw. die Familie der Teilmengen von der Größe $\lceil m/2 \rceil$ sind.

4.7 Wir wollen für gerade n ein 2-aus-n Schema mit optimalem Kontrast konstruieren. Die Konstruktion ist sehr ähnlich zur Konstruktion 4.6.

1. Starte mit einer normierten $(2n) \times (2n)$ Hadamard-Matrix und ersetze die -1 Einträge durch 0.
2. Streiche die erste Spalte.
3. Streiche in der verbleibenden $(2n) \times (2n - 1)$ Matrix die Zeilen, die mit 1 beginnen, und die erste Spalte.

Die so erhaltene $n \times (2n - 2)$ Matrix interpretiere man als Anweisung für die Codierung eines dunklen Punktes.

Zeigen Sie, dass man auf diese Art tatsächlich ein kontrastoptimales 2-aus-n Schema erhält.

4.8 Was passiert, wenn wir in Aufgabe 4.7 nicht die Zeilen, die mit 1 beginnen, sondern die Zeilen, die mit 0 beginnen, streichen? Wie müssen wir in diesem Fall die ersten Zeile, die nur 1 enthält, behandeln?

4.9 Wir wollen das lineare Optimierungsproblem zur Beschreibung des 2-aus-2 Schemas noch weiter reduzieren. Dazu ersetzen wir in $g_{\{1,2\}}^{(h)} + 1 \leq g_{\{1,2\}}^{(d)}$ die Variablen $g_{\{1,2\}}^{(h)}$ und $g_{\{1,2\}}^{(d)}$ durch Summen der $x_S^{(*)}$.

Wie können wir auch $g_{\{1\}}$ und $g_{\{2\}}$ aus den Nebenbedingungen entfernen? Wie muss die Zielfunktion formuliert werden, nachdem wir $g_{\{1,2\}}^{(d)}$ entfernt haben?

Am Ende sollte das Problem mit nur noch 6 Variablen und 3 Nebenbedingungen formuliert werden.

5

Täuschen und Verbergen

5.1 Die Geschichte der Steganographie

Eine verschlüsselte Botschaft ist auch immer eine Herausforderung für einen potenziellen Angreifer. Kann man die Nachricht trotz der Verschlüsselung entziffern? In der modernen Kryptographie wird diese Herausforderung auf die Spitze getrieben: Die Verschlüsselungsverfahren sind allgemein bekannt, und der Angreifer weiß immer welches Verfahren zur Zeit benutzt wird. Einzig und allein der Schlüssel muss geheim gehalten werden.

Dabei liegt eine andere Methode der Geheimhaltung eigentlich noch näher. Anstatt die Nachricht lediglich unleserlich zu machen, versucht man die Existenz der Nachricht zu verbergen. Man bezeichnet die Wissenschaft des Verbergens von Nachrichten als **Steganographie** (abgeleitet von den griechischen Wörtern $\sigma\tau\epsilon\gamma\alpha\nu o\sigma$ (verborgen) und $\gamma\rho\alpha\phi\epsilon\iota\nu$ (schreiben)).

Wie die Kryptographie ist auch die Steganographie eine sehr alte Erfindung. Bereits der griechische Geschichtsschreiber Herodot (490 – 425 v. Chr.) berichtet von einem Adligen, der eine Geheimbotschaft auf den geschorenen Kopf eines Sklaven tätowieren ließ. Nach dem das Haar wieder nachgewachsen war, wurde der Sklave zum Empfänger geschickt. Herodot erwähnt auch noch eine andere Methode. Man entfernt von einer Wachs-Schreibtafel das Wachs und graviert die Nachricht in das darunterliegende Holz. Anschließend wird das Wachs wieder aufgebracht und man erhält eine scheinbar leere Wachstafel.

Der Gebrauch unsichtbarer Tinte wird bereits von dem römischen Schriftsteller Plinius der Ältere (23 – 79 n. Chr.) erwähnt. Diese Form der Steganographie hat sich bis in die moderne Zeit gehalten und wurde unter anderem von Spionen im zweiten Weltkrieg benutzt. Eine besondere Variante benutzt einen Mikrofilm in der Größe eines I-Punktes. So ein Mikrofilm kann gewaltige Datenmengen enthalten und ist sehr unauffällig, wenn man ihn auf eine normale Schreibmaschinenseite klebt.

Kardinal Richelieu (1585 – 1642) benutzte ein steganographisches System, das als Grille bekannt wurde. Eine Grille ist ein Stück Pappe, das ungefähr die Größe eines Briefpapierbogens hat. In der Pappe sind einige Löcher eingelassen. Man legt nun die Pappe auf das Papier und schreibt die geheime Nachricht in die Löcher. Dann wird die Grille entfernt und man beschreibt den Rest des Papiers, sodass eine scheinbar harmlose Nachricht entsteht. Ein Empfänger, der dieselbe Grille wie der Sender besitzt, kann die geheime Nachricht ohne Schwierigkeiten lesen.

Eine besondere Spielart der Steganographie ist das Akrostichon. Dabei muss man in einem Text jeweils nur den ersten Buchstaben jedes Wortes (oder eines jeden Satzes bzw. Absatzes) lesen, um die geheime Nachricht zu finden. Akrostichons wurden eher als ein Spiel, denn als echte Geheimhaltungsmaßnahme angesehen. Besonders beliebt waren sie in Gedichten, wo man immer den ersten Buchstaben einer Zeile lesen musste. Aber auch Mathematiker haben Akrostichons in die Vorwörter ihrer Bücher eingebaut. Ein besonders hübsches Beispiel findet man in dem Buch von Isaacson und Keller „Analysis of Numerical Methods" [15]. Suchen Sie es einfach einmal in der Bibliothek heraus und lesen Sie nur die Anfangsbuchstaben der Sätze im Vorwort.

Mit der Entwicklung immer besserer Kryptographiealgorithmen, die zunächst mit den Rotormaschinen in der ersten Hälfte des 20-Jahrhunderts begann und sich nach der Erfindung der ersten Computer noch beschleunigte, wurden steganographische Methoden immer unwichtiger. Heute herrscht allgemein die Meinung vor, dass Kryptographie alleine alle Sicherheitsbedürfnisse erfüllen kann. In den seltenen Fällen, in denen man die Existenz der geheimen Nachricht verbergen möchte, kann man ganz einfach ständig verschlüsselte Dummy-Nachrichten senden. Diese Methode wurde z.B. während des zweiten Weltkriegs von den Alliierten angewandt, um die Zeitpunkte ihrer großen Offensiven zu verschleiern. Diese Einstellung zur Steganographie hat die Entwicklung dieser Wissenschaft stark gebremst, sodass heute weder wirklich gute steganographische Verfahren zu Verfügung stehen noch Analysemethoden, mit denen man die Qualität der Verfahren beurteilen könnte.

5.2 Moderne Verfahren der Steganographie

Moderne steganographische Verfahren verstecken die Nachricht normalerweise in einem digitalen Bild, seltener werden Audio-Dateien wie MP3 als Trägermedium gewählt. Die einfachste Form ein Bild zu speichern, ist für jeden Punkt die drei Farbanteile (rot, grün und blau) als Zahlwerte abzuspeichern. Die niederwertigsten Bits dieser Zahlen haben den geringsten Einfluss auf das Bild. Viele Autoren von Steganographie-Software gehen daher davon aus, dass diese Bits beliebig abgeändert werden können, um die geheime Nachricht einzubetten. Diese Annahme ist in nahezu jeder Hinsicht falsch, wie A. WESTFELD und A. PFITZMANN in [38] darlegen. In diesem Abschnitt wollen wir ihren Angriff anhand eines einfachen Beispiels nachvollziehen.

Zur Demonstration der in diesem Abschnitt verwendeten Techniken habe ich ein besonders einfaches Steganographieprogramm **stego** geschrieben, das praktisch jeden nur möglichen Fehler enthält.

Der Algorithmus überschreibt einfach die niederwertigsten Bits der ersten Bildpunkte. Das Ende der eingebetteten Nachricht wird durch das ASCII-Zeichen \0 repräsentiert, daher können nur Texte und keine Binärdateien eingebettet werden.

Warum ist dies kein gutes Verfahren?

Angenommen wir möchten von einem Bild wissen, ob eine steganographische Nachricht eingebettet wurde. Dazu stellen wir die Werte der niederwertigsten Bits graphisch dar. Wir lesen also für jeden Punkt die Anteile (r, g, b) der drei Grundfarben rot, grün und blau aus. Diese werden durch eine ganze Zahl von 0 bis 255 beschrieben. Jetzt berechnen wir

$$((r \bmod 2) \cdot 255, (g \bmod 2) \cdot 255, (b \bmod 2) \cdot 255)$$

und stellen den entsprechenden Farbwert dar.

Abbildung 5.1 zeigt, wie das Bild (links) nach dieser Operation aussieht (Mitte). (Für die Abbildung habe ich ein Graustufenbild genommen. Das Bild in der Mitte zeigt also einen schwarzen Punkt, wenn der zugehörige Grauwert ungerade ist und einen weißen Punkt bei geradem Grauwert.) Man erkennt deutlich die Strukturen des ursprünglichen Bildes. Dies mag auf den ersten Blick seltsam erscheinen, hat aber eine einfache Erklärung: Wären die niederwertigsten Bits unabhängig von der Bildinformation, so würde es keinen Sinn ergeben sie abzuspeichern. Da sie jedoch von der Bildinformation abhängen, muss die Abbildung, die uns nur die niederwertigsten Bits zeigt, irgendwie mit dem Originalbild zusammenhängen.

Abb. 5.1: Ein Beispiel für den visuellen Angriff

Der linke Teil von Abbildung 5.1 zeigt, was passiert, wenn man mit dem oben beschriebenen Steganographiealgorithmus eine Nachricht in das Bild eingebettet hat. Im unteren Teil des Bildes erkennt man noch immer die ursprüngliche Bildstruktur. Der obere Teil, in dem die Nachricht eingebettet wurde, erscheint jedoch als zufälliges Rauschen, da die Nachricht als Bild dargestellt keine sinnvolle Information ist.

Mit dem Programm `stego-vA` können Sie diesem Angriff an eigenen Beispielen testen.

Der oben beschriebene visuelle Angriff ist bereits in den meisten Fällen erfolgreich, lässt sich jedoch nur schwer automatisieren. Dieser Nachteil lässt sich mit statistischen Verfahren umgehen (siehe [38]). Je mehr Farbwerte dargestellt werden können, desto geringer wird die Abhängigkeit der niederwertigsten Bits von der Bildinformation. Der visuelle Angriff funktioniert am besten, bei Bildern mit nur 8-Bit pro Bildpunkt, wie z.B. beim GIF-Format. Bei größeren Farbtiefen muss man auf statistische Methoden zurückgreifen.

Ein anderes Problem des simplen Steganographiealgorithmus ist, dass man auch bei Steganographie das Prinzip von Kerckhoff halten sollte. Das Verfahren selbst sollte nicht geheim sein. Die Sicherheit darf nur von der Geheimhaltung des Schlüssels abhängen. Wenn Sie sich an dieser Stelle fragen „Welcher Schlüssel?", so haben Sie vollkommen recht. Das oben beschriebene Verfahren zur Steganographie besitzt keinen Schlüssel. Wenn der Angreifer also das Verfahren und das Bild, in das die Nachricht eingebettet wurde kennt, so kann er die Nachricht ohne Schwierigkeiten extrahieren. Hoffentlich haben wir die Nachricht vorher mit einem kryptographischen Algorithmus verschlüsselt. Aber wenn die Nachricht bereits durch einen kryptographischen Algorithmus geschützt wurde, warum haben wir sie dann noch versteckt? Dieser Fehler tritt erstaunlich oft bei Steganographieprogrammen auf. Bessere Programme verteilen die Nachricht in Abhängigkeit von einem geheimen Schlüssel im Bild.

Die obigen Ausführungen zeigen, dass der Entwurf eines guten Steganographiesystems eine nicht triviale Aufgabe ist. Außerdem sollte man sich fragen, wer ein solches System braucht. Die Einbettungsrate eines Steganographiesystems, d.h. der Anteil der geheimen Nachricht am Trägermedium, wird im besten Fall 10% betragen. Ist von einer Person oder Organisation bekannt, dass sie Steganographie verwendet, wird jeder Angreifer bei einem versendeten Bild automatisch davon ausgehen, dass eine geheime Nachricht versteckt wurde. Ist das verwendete Verfahren gut, so kann er die Nachricht nicht extrahieren. Aber man hätte denselben Effekt viel einfacher erreichen können, indem man die Nachricht verschlüsselt hätte.

Ein Steganographieanwender wird also gezwungen sein, ab und zu gewöhnliche Bilder zu verschicken, um potenzielle Angreifer zu verwirren. Sagen wir nur eins von zehn versendeten Bildern darf eine steganographische Botschaft tragen. Jetzt ist die nutzbare Kapazität unseres Steganographiesystems bereits auf 1% gefallen. (Dies ist nur eine obere Schranke. Eine Kapazität wie 0.1% dürfte eher realistisch sein.) Das ist jedoch viel zu wenig. Jeder der mit dieser Kapazität auskommt, kann auch einfach immer verschlüsselte Dummy-Botschaften senden. Dafür braucht man nur Kryptographie und das ist einfacher.

Dies ist der Grund, warum heute die Meinung vorherrscht, dass die Kryptographie die Steganographie überflüssig macht.

5.3 Visuelle Kryptographie und Steganographie

Im Rahmen der visuellen Kryptographie kann man eine besondere Spielart der Steganographie verwirklichen. Man kann zwar nicht erreichen, dass jede Folie wie ein normales Bild aussieht, aber man kann dafür sorgen, dass sowohl auf der Schlüsselfolie als auch auf der Nachrichtenfolie ein Bild zu erkennen ist, dass nichts mit dem verschlüsselten Bild zu tun hat.

Konstruktion 5.1 beschreibt, wie dies gemacht wird. Die Folien Nummer 10 und 11 sind ein Beispiel für dieses Verfahren.   📑 10, 11

Konstruktion 5.1

Jeder Punkt wird in 4 Teilpunkte zerlegt. Soll auf einer Folie ein heller Punkt repräsentiert werden, so muss eine der folgenden vier Kombinationen gewählt werden.

Dunkle Bildpunkte werden durch die folgenden vier Kombinationen repräsentiert.

Sollen die beiden Folien übereinandergelegt einen hellen Bildpunkt ergeben, so müssen ihre beiden Kombinationen nach dem folgenden Schema aufeinander abgestimmt werden.

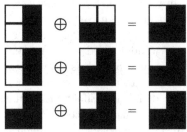

Dabei ist die erste Variante zu wählen, falls beiden Folien an diesem Punkt hell sind. Die zweite Variante beschreibt den Fall eines hellen und eines dunklen Punktes. Die letzte Variante beschreibt den Fall zweier dunkler Punkte.

Die Codierung eines dunklen Punktes funktioniert entsprechend nach den folgenden Regeln.

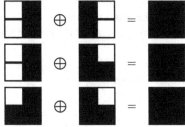

Mit Programm **2-ext** kann man sich eigene Folien zur erweiterten visuellen Kryptographie erzeugen.

Laden Sie zunächst die drei Bilder, die Sie verwenden möchten. Optimalerweise sollten diese Bilder gleich groß sein. (Falls nicht, wählt das Programm die Größe des geheimen Bildes als Referenz und schneidet die anderen Bilder passend ab.)

Klicken Sie nun den Knopf `Erzeuge Folien`, um den Foliensatz zu berechnen. Das Bild unten rechts zeigt, wie das Übereinanderlegen der beiden Folien aussehen würde.

Man kann diese Idee auch auf mehr als zwei Folien ausdehnen. Bei n Folien kann man für jede der $2^n - 1$ möglichen Kombinationen von Folien ein eigenes

Bild vorgeben, dass nur zu sehen ist, wenn man genau diese Kombination von Folien übereinanderlegt. Dass dies möglich ist, wurde zuerst 1996 von S. DROSTE [9] gezeigt. Seine Idee war, die Konstruktion eines erweiterten visuellen Kryptographie-Schemas auf die uns aus Abschnitt 4.1 bekannten n-aus-n Schemata zurückzuführen.

Konstruktion 5.2

Für jede Teilmenge T von Folien, die übereinandergelegt ein Bild ergeben soll, wird eine Menge von $2^{|T|-1}$ Teilpunkten reserviert. Dies bedeutet insbesondere, dass

$$\sum_{i=1}^{n} \binom{n}{i} 2^{i-1} = \frac{1}{2}\left(-1 + \sum_{i=0}^{n} \binom{n}{i} 2^i \cdot 1^{n-i}\right) = \frac{1}{2}(3^n - 1)$$

Teilpunkte benötigt werden, wenn auf allen $2^n - 1$ möglichen Kombinationen von n Folien ein eigenes Bild zu sehen sein soll.

Für jede dieser Teilmengen T bilden $2^{|T|-1}$ Teilpunkte, auf den zu T gehörigen Folien, ein T-aus-T Schema zur visuellen Kryptographie. Auf allen Folien, die nicht zu T gehören, werden die $2^{|T|-1}$ Teilpunkte immer schwarz gefärbt.

Betrachten wir als Beispiel die Konstruktion des Schemas mit 2 Folien.

Beispiel

Bei 2 Folien braucht man insgesamt 4 Teilpunkte. Der Teilpunkt oben links wird für die Darstellung des Bildes auf der ersten Folie gebraucht, der Teilpunkt unten links für das Bild auf der zweiten Folie und die Teilpunkte auf der rechten Seite bilden ein 2-aus-2 Schema.

Soll z.B. das Bild auf der ersten Folie dunkel, auf der zweiten Folie hell und beim Übereinanderlegen der beiden Folien dunkel sein, so kann dies wie folgt geschehen.

Gemäß Konstruktionsvorschrift ist der Teilpunkt unten links auf der ersten Folie schwarz, da er nur für das Bild auf der zweiten Folie eine Rolle spielt. Aus demselben Grund ist auf der zweiten Folie der Punkt oben links schwarz. Die beiden rechten Teilpunkte bilden das folgende 2-aus-2 Schema.

Wählt man bei der Konstruktion 5.2 immer das gleiche Bild zur Codierung, so erhält man ein gewöhnliches Verfahren zu geteilten Geheimnissen. Dies zeigt, dass für jede mögliche Menge von Teilnehmerkoalitionen Γ_{Qual} und Γ_{Forb} ein Verfahren zu geteilten Geheimnissen existiert. In Kapitel 4 waren wir diesen Beweis schuldig geblieben. (Allein für diesen wichtigen Spezialfall lohnt sich bereits die Konstruktion von erweiterten visuellen Kryptographie-Schemata. Eine andere Anwendung werden wir im nächsten Kapitel kennenlernen.)

Wir zeigen nun, dass das oben beschriebene Verfahren zur erweiterten visuellen Kryptographie korrekt ist.

Satz 5.1

Konstruktion 5.2 liefert beim Übereinanderlegen der Folien jeweils die gewünschten Bilder.

Außerdem ist garantiert, dass für Teilmengen T und S mit $T \not\subset S$ die Folien mit den Nummern $i \in S$ keine Information über das Bild liefern, das durch das Übereinanderlegen der Folien mit den Nummern $i \in T$ entsteht.

Beweis: Wir zeigen zunächst, dass beim Übereinanderlegen der Folien die vorgegebenen Bilder zu sehen sind. Dazu wählen wir eine Teilmenge T und untersuchen, was beim Übereinanderlegen der Folien mit den Nummern $i \in T$ passiert.

Betrachten wir zunächst nur die $2^{|T|-1}$ Punkte, die im Rahmen von Konstruktion 5.2 der Teilmenge T zugeordnet wurden. Diese bilden ein $|T|$-aus-$|T|$ Schema zur Geheimnisteilung wie wir es in Abschnitt 4.1 beschrieben haben, d.h., falls ein dunkler Punkt codiert werden soll, sind alle $2^{|T|-1}$ Punkte schwarz und bei einem hellen Punkt gibt es nur $2^{|T|-1} - 1$ schwarze Punkte. Dies macht den Unterschied zwischen hell und dunkel aus. Wir müssen uns nur noch davon überzeugen, dass die anderen Teilpunkte aus der Konstruktion keinen Schaden anrichten. Diese zusätzlichen Punkte sind jeweils einer Teilmenge $S \neq T$ zugeordnet. Wir unterscheiden die Fälle $T \subset S$ und $T \not\subset S$.

Falls $T \subset S$ gilt, so bilden die $2^{|S|-1}$ der Teilmenge S zugeordneten Teilpunkte ein $|S|$-aus-$|S|$ Schema zur Geheimnisteilung. Da dieses Schema sicher ist, sehen wir bei so einem Schema, falls wir nur die Folien mit Nummer $i \in T$ übereinanderlegen, einen einheitlichen Grauton. Der Anteil der schwarzen Teilpunkte unter diesen $2^{|S|-1}$ Punkten ist also konstant. (Man kann die Anzahl sogar genau ausrechnen. Es sind $2^{|S|-1} - 2^{|S|-|T|-1}$ schwarze Teilpunkte.)

Falls $T \not\subset S$ gilt, so gibt es ein $i \in T \backslash S$. Gemäß Konstruktionsvorschrift müssen die $2^{|S|-1}$ der Teilmenge S zugeordneten Teilpunkte auf der Folie i schwarz gefärbt werden. Sie sind daher auch beim Übereinanderlegen der Folien mit den Nummern $i \in T$ schwarz.

Dies zeigt, dass beim Übereinanderlegen der Folien mit den Nummern $i \in T$ nur die T zugeordneten Teilpunkte einen Unterschied in der Anzahl der schwarzen Teilpunkte ausmachen können. Daher ist bei einem dunklen Punkt die Anzahl schwarzer Teilpunkte um eins höher als bei einem hellen Punkt, d.h. man kann die codierten Bilder erkennen.

Nun beweisen wir die Sicherheit des Verfahrens.

Wir betrachten für eine feste Teilmenge T das Bild, das durch Übereinanderlegen der Folien mit den Nummern $i \in T$ entsteht und fragen uns in welchen
Teilpunkten eine Information über dieses Bild steckt.

Gemäß Konstruktion wird die Bildinformation nur für das Färben von
$2^{|T|-1}$ Teilpunkten benötigt. Auf den Folien mit einer Nummer $i \notin T$ sind
diese Teilpunkte immer schwarz und können daher keine Information über
das Bild liefern.

Die einzige Information über das Bild steckt also in den $2^{|T|-1}$ der Teil-
menge T zugeordneten Teilpunkten auf den Folien mit Nummer $i \in T$. Doch
diese Teilpunkte bilden ein $|T|$-aus-$|T|$ Schema zur Geheimnisteilung, d.h. man
kann das geheime Bild nur mit allen Folien aus T rekonstruieren.

Dies beweist die Sicherheit des Schemas.   □

Wir kennen somit ein Verfahren, mit dem wir beliebige verallgemeinerte
visuelle Kryptographie-Schemata erzeugen können. Es bleibt noch die Frage
zu klären, wie gut die so erzeugten Schemata zur erweiterten visuellen Kryptographie sind. Lässt sich der Kontrast noch verbessern? Kommt man mit einer
kleineren Anzahl von Teilpunkten aus? Um diese Fragen zu beantworten greifen wir auf die Optimierungsmethoden aus Abschnitt 4.3 zurück. Damit das
Problem nicht gar zu kompliziert wird, beschränken wir uns auf den Fall, dass
bei jeder möglichen Wahl von Folien ein anderes Bild erscheint.

Wir betrachten einen einzelnen Bildpunkt. In Abschnitt 4.3 mussten wir
nur zwei mögliche Punkttypen (hell und dunkel) unterscheiden. Wir haben
dazu Variablen wie $x_S^{(h)}$ bzw. $x_S^{(d)}$ eingeführt. Nun gibt es eine deutlich größere Anzahl von Punkttypen. Für jede Kombination von Folien müssen wir
festlegen, ob der Bildpunkt hell oder dunkel sein soll. Da es 2^n-1 verschiedene
Kombinationen gibt, müssen wir insgesamt 2^{2^n-1} verschiedene Kombinationen von hell und dunkel unterscheiden.

Zunächst benötigen wir für jede nicht leere Teilmenge T von $\{1, \ldots, n\}$
zwei Variablen $g_T^{(h)}$ und $g_T^{(d)}$. Diese beschreiben die Anzahl der schwarzen
Teilpunkte, die man beim Übereinanderlegen der Folien mit den Nummern
$i \in T$ erhält. Dabei ist $g_T^{(h)}$ die Anzahl der schwarzen Teilpunkte, die für die
Repräsentation eines hellen Punktes verwandt werden, und $g_T^{(d)}$ die Anzahl
für die Repräsentation eines dunklen Punktes. Es gilt

$$g_T^{(h)} + 1 \le g_T^{(d)} \ .$$

Bis hierher gibt es keinen Unterschied zu dem Optimierungsproblem aus Abschnitt 4.3.

Nun müssen wir beschreiben, wie die hellen und dunklen Teilpunkte auf die
Folien verteilt werden. In Abschnitt 4.3 mussten wir die Fälle, dass der codierte
Punkt hell bzw. dunkel ist, unterscheiden. Diesmal müssen wir für jede nicht
leere Teilmenge T von $\{1, \ldots, n\}$ festlegen, ob beim Übereinanderlegen der
Folien mit Nummer $i \in T$ ein heller oder dunkler Bildpunkt codiert wird.
Dies führt auf 2^{2^n-1} Fälle.

Wir betrachten nun einen dieser Fälle. Mit $\mathfrak{T}$ bezeichnen wir die Menge aller nicht leeren Teilmengen T von $\{1, \ldots, n\}$, für die beim Übereinanderlegen der Folien mit Nummern $i \in T$ ein dunkler Bildpunkt rekonstruiert wird. Mit $x_S^{\mathfrak{T}}$ ($\emptyset \neq S \subseteq \{1, \ldots, n\}$) bezeichnen wir die Anzahl der Teilpunkte, die auf den Folien mit Nummer $i \in S$ schwarz und auf allen anderen Folien weiß sind. Dies ersetzt die Variablen $x_S^{(h)}$ und x_S^d aus Abschnitt 4.3. Die Gleichungen, die diese Variablen mit den $g_T^{(*)}$ verknüpfen, entsprechen im Wesentlichen denen aus Abschnitt 4.3. Mit

$$
r_T^{\mathfrak{T}} = \begin{cases} g_T^{(h)} & \text{falls } T \notin \mathfrak{T} \\ g_T^{(d)} & \text{falls } T \in \mathfrak{T} \end{cases} \tag{5.1}
$$

gelten die Gleichungen

$$
\sum_{\substack{\emptyset \neq S \subseteq \{1, \ldots, n\} \\ S \cap T \neq \emptyset}} x_S^{\mathfrak{T}} = r_T^{\mathfrak{T}} . \tag{5.2}
$$

Wie auch im Fall der gewöhnlichen Systeme zur Geheimnisteilung wollen wir die Anzahl der benötigten Teilpunkte $g_{\{1, \ldots, n\}}^{(d)}$ minimieren.

Damit haben wir ein erweitertes visuelles Kryptographie-Schema als lineares Optimierungsproblem formuliert. Dieses Problem hat jedoch wesentlich mehr Variablen als die in Abschnitt 4.3 betrachteten. Schon bei nur 2 Folien sind es 30 Variablen. Zur Beschreibung von 3 Folien werden bereits 910 Variablen benötigt. Wie kann man solch große Probleme allgemein lösen? Hier hilft die spezielle Struktur der Gleichungen weiter.

Zunächst stellen wir die Gleichungen (5.2) in Matrizen-Schreibweise dar. Dazu fassen wir die Variablen $x_T^{\mathfrak{T}}$ bzw. $r_T^{\mathfrak{T}}$ ($T \subseteq \{1, \ldots, n\}$) zu den Vektoren $\mathbf{x}^{\mathfrak{T}}$ bzw. $\mathbf{r}^{\mathfrak{T}}$ zusammen. Damit können wir (5.2) kompakter als

$$
M_n \mathbf{x}^{\mathfrak{T}} = \mathbf{r}^{\mathfrak{T}} \tag{5.3}
$$

schreiben. Dabei ist M_n die $(2^n - 1) \times (2^n - 1)$ Matrix, die in der Zeile S und Spalte T genau dann eine 1 enthält, wenn $S \cap T \neq \emptyset$ ist.

Für die Reihenfolge der Komponenten wählen wir die folgende etwas ungewöhnliche Ordnung (der Grund wird gleich klar werden): Den Anfang machen die $2^{n-1} - 1$ nichtleeren Teilmengen von $\{1, \ldots n - 1\}$. Es folgt die Teilmenge $\{n\}$ und dann alle anderen Teilmengen die n enthalten. Innerhalb der Blöcke zu je $2^{n-1} - 1$ Variablen wählen wir eine analoge Sortierung. Bei nur zwei Folien ist also $\mathbf{x}^{\mathfrak{T}} = (x_{\{1\}}^{\mathfrak{T}}, x_{\{2\}}^{\mathfrak{T}}, x_{\{1,2\}}^{\mathfrak{T}})^t$ und bei drei Folien ist $\mathbf{x}^{\mathfrak{T}} = (x_{\{1\}}^{\mathfrak{T}}, x_{\{2\}}^{\mathfrak{T}}, x_{\{1,2\}}^{\mathfrak{T}}, x_{\{3\}}^{\mathfrak{T}}, x_{\{1,3\}}^{\mathfrak{T}}, x_{\{2,3\}}^{\mathfrak{T}}, x_{\{1,2,3\}}^{\mathfrak{T}})^t$.

Beispiel

Für 3 Folien wird aus (5.2) die folgende Vektorgleichung:

$$
\begin{pmatrix}
1 & 0 & 1 & 0 & 1 & 0 & 1 \\
0 & 1 & 1 & 0 & 0 & 1 & 1 \\
1 & 1 & 1 & 0 & 1 & 1 & 1 \\
0 & 0 & 0 & 1 & 1 & 1 & 1 \\
1 & 0 & 1 & 1 & 1 & 1 & 1 \\
0 & 1 & 1 & 1 & 1 & 1 & 1 \\
1 & 1 & 1 & 1 & 1 & 1 & 1
\end{pmatrix}
\begin{pmatrix}
x_{\{1\}}^{\mathfrak{T}} \\
x_{\{2\}}^{\mathfrak{T}} \\
x_{\{1,2\}}^{\mathfrak{T}} \\
x_{\{3\}}^{\mathfrak{T}} \\
x_{\{1,3\}}^{\mathfrak{T}} \\
x_{\{2,3\}}^{\mathfrak{T}} \\
x_{\{1,2,3\}}^{\mathfrak{T}}
\end{pmatrix}
=
\begin{pmatrix}
r_{\{1\}}^{\mathfrak{T}} \\
r_{\{2\}}^{\mathfrak{T}} \\
r_{\{1,2\}}^{\mathfrak{T}} \\
r_{\{3\}}^{\mathfrak{T}} \\
r_{\{1,3\}}^{\mathfrak{T}} \\
r_{\{2,3\}}^{\mathfrak{T}} \\
r_{\{1,2,3\}}^{\mathfrak{T}}
\end{pmatrix}
$$

Da die 7×7 Matrix in dem obigen System invertierbar ist, können wir die Gleichung nach $\mathbf{x}^{\mathfrak{T}}$ auflösen. Man erhält

$$
\begin{pmatrix}
x_{\{1\}}^{\mathfrak{T}} \\
x_{\{2\}}^{\mathfrak{T}} \\
x_{\{1,2\}}^{\mathfrak{T}} \\
x_{\{3\}}^{\mathfrak{T}} \\
x_{\{1,3\}}^{\mathfrak{T}} \\
x_{\{2,3\}}^{\mathfrak{T}} \\
x_{\{1,2,3\}}^{\mathfrak{T}}
\end{pmatrix}
=
\begin{pmatrix}
0 & 0 & 0 & 0 & 0 & -1 & 1 \\
0 & 0 & 0 & 0 & -1 & 0 & 1 \\
0 & 0 & 0 & -1 & 1 & 1 & -1 \\
0 & 0 & -1 & 1 & 0 & 0 & 1 \\
0 & -1 & 1 & 0 & 0 & 1 & -1 \\
-1 & 0 & 1 & 0 & 1 & 0 & -1 \\
1 & 1 & -1 & 1 & -1 & -1 & 1
\end{pmatrix}
\begin{pmatrix}
r_{\{1\}}^{\mathfrak{T}} \\
r_{\{2\}}^{\mathfrak{T}} \\
r_{\{1,2\}}^{\mathfrak{T}} \\
r_{\{3\}}^{\mathfrak{T}} \\
r_{\{1,3\}}^{\mathfrak{T}} \\
r_{\{2,3\}}^{\mathfrak{T}} \\
r_{\{1,2,3\}}^{\mathfrak{T}}
\end{pmatrix}
$$

Die inverse Matrix enthält nur ganzzahlige Einträge. Daher sind die Variablen $\mathbf{x}^{\mathfrak{T}}$ ganzzahlig, sofern die rechte Seite $\mathbf{r}^{\mathfrak{T}}$ ganzzahlig ist. Wir hatten diese Tatsache schon ohne Beweis in Abschnitt 4.3 erwähnt.

Wir wollen nun beweisen, dass die Matrix M_n aus (5.3) für jedes n invertierbar ist und die inverse Matrix nur ganzzahlige Einträge enthält. Dazu betrachten wir M_n etwas genauer. Da die ersten 2^{n-1} Koordinaten den nichtleeren Teilmengen von $\{1, \ldots, n-1\}$ entsprechen, steht in der oberen linken Ecke von M_n die Matrix M_{n-1}. Enthält nur eine der beiden Teilmengen, die Zahl n, so spielt diese bei der Entscheidung, ob der Schnitt leer ist oder nicht, keine Rolle. Daher steht auch in der rechten oberen und linken unteren Ecke die Matrix M_{n-1}. Enthalten beide Mengen die Zahl n, so ist der Schnitt immer nicht leer. In der Ecke unten rechts steht daher eine Matrix, die nur Einsen als Einträge enthält.

Wir können M_n somit als

$$
M_n = \begin{pmatrix}
M_{n-1} & \mathbf{0}_{n-1,1} & M_{n-1} \\
\mathbf{0}_{1,n-1} & 1 & \mathbf{1}_{1,n-1} \\
M_{n-1} & \mathbf{1}_{n-1,1} & \mathbf{1}_{n-1,n-1}
\end{pmatrix}
\tag{5.4}
$$

darstellen. Die fett gedruckten Zahlen stehen jeweils für einen ganzen Vektor bzw. eine ganze Matrix. Die Indizes sollen an die entsprechende Dimension erinnern. So steht $\mathbf{1}_{i,j}$ für die $(2^i - 1) \times (2^j - 1)$ Matrix die nur Einsen enthält.

Man nennt so eine Darstellung, bei der man Zeilen und Spalten einer Matrix teilweise zusammenfasst *Blockmatrix*. Die Darstellung als Blockmatrix ist einer der wichtigsten Rechentricks der Matrizenrechnung, denn man kann mit Blockmatrizen genauso rechnen wie mit normalen Matrizen. Für unseren Fall bedeutet dies: Statt die $(2^n - 1) \times (2^n - 1)$ Matrix direkt zu invertieren, müssen wir nur noch die 3×3-Blockmatrix aus (5.4) invertieren. Das Invertieren einer 3×3 Matrix ist offensichtlich die leichtere Aufgabe. Bei der Rechnung muss man nur ein wenig aufpassen, denn da die Einträge nun Matrizen sind, ist die Multiplikation nicht länger kommutativ.

Wir erhalten auf diese Art

$$M_n^{-1} = \begin{pmatrix} \mathbf{0}_{n-1,n-1} & -M_{n-1}^{-1}\mathbf{1}_{n,1} & M_n^{-1} \\ -\mathbf{1}_{1,n-1}M_{n-1}^{-1} & 0 & \mathbf{1}_{1,n-1}M_{n-1}^{-1} \\ M_{n-1}^{-1} & M_{n-1}^{-1}\mathbf{1}_{n-1,1} & -M_{n-1}^{-1} \end{pmatrix} \ .$$

Mit $M_1^{-1} = (1)$ können wir somit rekursiv M_n^{-1} für alle Werte von n berechnen. Insbesondere erkennen wir, dass M_n^{-1} existiert und nur Einträge aus $\{-1, 0, 1\}$ erhält. Dies beweist, dass $\mathbf{x}^{\mathfrak{T}}$ genau dann ganzzahlig ist, wenn $\mathbf{r}^{\mathfrak{T}}$ ganzzahlig ist.

Die Darstellung von M_n^{-1} hilft uns auch bei der Lösung des linearen Gleichungssystems (5.3). Eine elementare aber aufwendige Rechnung liefert:

$$x_S^{\mathfrak{T}} = \sum_{\{1,\ldots,n\}\backslash S \subseteq T \subseteq \{1,\ldots,n\}} (-1)^{|T|+|S|+n+1} r_T^{\mathfrak{T}} \ . \tag{5.5}$$

Die leichtere Variante die Korrektheit dieser Lösung zu zeigen ist, die Werte von $x_S^{\mathfrak{T}}$ in (5.2) einzusetzen.

Damit können wir alle Variablen von Typ $x_S^{\mathfrak{T}}$ aus dem Optimierungsproblem eliminieren. Unser Ziel, das Optimierungsproblem zu vereinfachen haben wir jedoch noch nicht ganz erreicht. Für jede der ursprünglichen Variablen $x_S^{\mathfrak{T}}$ mussten wir eine Ungleichung in das Optimierungsproblem aufnehmen. Durch unsere Umformung ist zwar die Anzahl der Variablen geringer geworden, aber das Problem erhält noch viele Ungleichungen. Da beim Lösen des Optimierungsproblems für jede Ungleichung eine Schlupfvariable eingeführt werden muss, ist noch nichts gewonnen. Wir müssen uns daher die Ungleichungen noch etwas genauer ansehen.

Wählen wir zum Beispiel $S = \{n - 1, n\}$. Die Ungleichung

$$0 \leq x_S^{\mathfrak{T}} = -r_{\{1,\ldots,n\}}^{\mathfrak{T}} + r_{\{1,\ldots,n-1\}}^{\mathfrak{T}} + r_{\{1,\ldots,n-2,n\}}^{\mathfrak{T}} - r_{\{1,\ldots,n-2\}}^{\mathfrak{T}}$$

vereinfacht sich zu einer der folgenden 16 Ungleichungen:

$$0 \leq -g^{(h)}_{\{1,\dots,n\}} + g^{(h)}_{\{1,\dots,n-1\}} + g^{(h)}_{\{1,\dots,n-2,n\}} - g^{(h)}_{\{1,\dots,n-2\}}$$
$$\text{falls } \{1,\dots,n-2\} \notin \mathfrak{T}, \{1,\dots,n-1\} \notin \mathfrak{T},$$
$$\{1,\dots,n-2,n\} \notin \mathfrak{T} \text{ und } \{1,\dots,n\} \notin \mathfrak{T}$$

$$0 \leq -g^{(d)}_{\{1,\dots,n\}} + g^{(h)}_{\{1,\dots,n-1\}} + g^{(h)}_{\{1,\dots,n-2,n\}} - g^{(h)}_{\{1,\dots,n-2\}}$$
$$\text{falls } \{1,\dots,n-2\} \notin \mathfrak{T}, \{1,\dots,n-1\} \notin \mathfrak{T},$$
$$\{1,\dots,n-2,n\} \notin \mathfrak{T} \text{ und } \{1,\dots,n\} \in \mathfrak{T} \tag{5.6}$$

$$\vdots$$

$$0 \leq -g^{(d)}_{\{1,\dots,n\}} + g^{(d)}_{\{1,\dots,n-1\}} + g^{(d)}_{\{1,\dots,n-2,n\}} - g^{(d)}_{\{1,\dots,n-2\}}$$
$$\text{falls } \{1,\dots,n-2\} \in \mathfrak{T}, \{1,\dots,n-1\} \in \mathfrak{T},$$
$$\{1,\dots,n-2,n\} \in \mathfrak{T} \text{ und } \{1,\dots,n\} \in \mathfrak{T}$$

Betrachten wir nun die beiden ersten dieser 16 Ungleichungen genauer.
Wegen $g^{(d)}_{\{1,\dots,n\}} > g^{(h)}_{\{1,\dots,n\}}$ folgt

$$-g^{(h)}_{\{1,\dots,n\}} + g^{(h)}_{\{1,\dots,n-1\}} + g^{(h)}_{\{1,\dots,n-2,n\}} - g^{(h)}_{\{1,\dots,n-2\}} >$$
$$-g^{(d)}_{\{1,\dots,n\}} + g^{(h)}_{\{1,\dots,n-1\}} + g^{(h)}_{\{1,\dots,n-2,n\}} - g^{(h)}_{\{1,\dots,n-2\}} \, .$$

Also folgt

$$0 \leq -g^{(h)}_{\{1,\dots,n\}} + g^{(h)}_{\{1,\dots,n-1\}} + g^{(h)}_{\{1,\dots,n-2,n\}} - g^{(h)}_{\{1,\dots,n-2\}}$$

aus

$$0 \leq -g^{(d)}_{\{1,\dots,n\}} + g^{(h)}_{\{1,\dots,n-1\}} + g^{(h)}_{\{1,\dots,n-2,n\}} - g^{(h)}_{\{1,\dots,n-2\}} \, .$$

Man kann die erste der Ungleichungen also weglassen ohne den zulässigen Bereich der Lösungen des Optimierungsproblems zu verändern. Man nennt diese Technik, ein Optimierungsproblem zu vereinfachen „Erkennen nichtextremaler Variablen". Der Name leitet sich von der Tatsache her, dass man nach dem Einfügen der Schlupfvariablen die Gleichungen

$$0 = -g^{(h)}_{\{1,\dots,n\}} + g^{(h)}_{\{1,\dots,n-1\}} + g^{(h)}_{\{1,\dots,n-2,n\}} - g^{(h)}_{\{1,\dots,n-2\}} - y_1$$
$$0 = -g^{(d)}_{\{1,\dots,n\}} + g^{(h)}_{\{1,\dots,n-1\}} + g^{(h)}_{\{1,\dots,n-2,n\}} - g^{(h)}_{\{1,\dots,n-2\}} - y_2$$

erhält. Unser Beobachtung lautet nun y_1 kann in keiner Lösung des Optimierungsproblems 0 werden, d.h. die Vorzeichenbedingung $y_1 \geq 0$ ist unnötig. Das Erkennen von nichtextremalen Variablen ist eine von mehreren Techniken zur Reduzierung eines linearen Optimierungsproblems. Im Allgemeinen sind nichtextremale Variablen jedoch nicht so leicht zu erkennen wie in unserem Beispiel, sondern man muss ein lineares Optimierungsproblem lösen, um sie zu finden. Trotzdem gibt es Fälle, in denen sich der relativ hohe Aufwand zur Suche nach nichtextremalen Variablen lohnt. Dies ist insbesondere bei der sogenannten parametrischen Optimierung der Fall. Bei dieser ist die Koeffizientenmatrix konstant, aber entweder die rechte Seite oder die Koeffizienten der Zielfunktion hängen von einem Parameter ab. Man möchte schnell in der Lage sein eine Lösung auf einen veränderten Parameter anzupassen. Denken Sie z.B. an die Optimierung der Kosten eines Produktionsprozesses und stellen Sie sich vor, dass sich plötzlich der Preis für nur einen Rohstoff drastisch erhöht. Da in diesem Fall mehrere Probleme mit derselben Matrix zu lösen sind, lohnen sich auch aufwendige Vereinfachungen der Matrix.

Bei unserem Problem bringt diese Technik sehr viel ein, denn von den obigen 16 Ungleichungen ist nur die Ungleichung

$$0 \leq -g^{(d)}_{\{1,\ldots,n\}} + g^{(h)}_{\{1,\ldots,n-1\}} + g^{(h)}_{\{1,\ldots,n-2,n\}} - g^{(d)}_{\{1,\ldots,n-2\}}$$

wirklich notwendig.

Geht man sämtliche Ungleichungen auf diese Weise durch, so erhält man als einzige Bedingung für die Existenz eines erweiterten visuellen Kryptographie-Schemas mit n Folien die folgenden $2^n - 1$ Ungleichungen:

$$\sum_{\substack{S \subseteq T \subseteq \{1,\ldots,n\} \\ |S| \equiv |T| \mod 2}} g^{(d)}_T \leq \sum_{\substack{S \subseteq T \subseteq \{1,\ldots,n\} \\ |S| \not\equiv |T| \mod 2}} g^{(h)}_T \qquad (5.7)$$

Der aufwendigste Schritt ist dabei das Lösen des linearen Gleichungssystems (5.3). Wir lassen diese aufwendige Rechnung an dieser Stelle weg und verweisen auf die Originalarbeit [20].

Damit haben wir das Finden eines erweiterten visuellen Kryptographie-Schemas für n Folien auf ein lineares Optimierungsproblem mit nur $2(2^n - 1)$ Variablen und ebenso vielen Ungleichungen reduziert (nämlich die $2^n - 1$ Ungleichungen aus (5.7) und die $2^n - 1$ Ungleichungen vom Typ $g^{(h)}_T + 1 \leq g^{(d)}_T$). Wenn man berücksichtigt, dass die Variablen $g^{(d)}_T$ nichtextremal sind, kann man das Problem sogar noch weiter reduzieren, so dass man mit nur $2^n - 1$ Gleichungen und nach Einfügen der Schlupfvariablen $3(2^n - 1)$ Variablen auskommt.

Das Problem ist sogar so einfach, dass man es ohne Hilfe eines Computers für alle $n \in \mathbb{N}$ explizit lösen kann. Wir wollen jedoch an dieser Stelle nicht die dazu notwendigen langwierigen Umformungen vorführen, sondern verweisen auch hier auf die Originalarbeit [20]. Als Ergebnis erhält man, dass Konstruktion 5.2 optimal ist, falls alle möglichen Folienkombinationen ein eigenes Bild ergeben sollen.

Der hier vorgestelle Ansatz ein erweitertes visuelles Kryptographie-Schema als Optimierungsproblem zu formulieren, funktioniert auch, wenn einige Folienkombinationen kein Bild ergeben oder nicht alle Bilder verschieden sind. Im Allgemeinen lässt sich das Optimierungsproblem jedoch nicht so gut vereinfachen. In [20] wird der Fall, dass alle Kombinationen von Folien, mit Ausnahme des Übereinanderlegens aller Folien, ein geheimes Bild ergeben gelöst. In diesem Fall ist die Konstruktion 5.2 nur für eine ungerade Anzahl von Teilnehmern optimal. Für eine gerade Anzahl von Teilnehmern lässt sich in diesem

Fall die Anzahl der benötigten Teilpunkte um 1 verringern. Damit steigt auch der Kontrast. Weitere Beispiele für die Änderungen am Optimierungsproblem und ihre Auswirkungen auf seine Lösung finden Sie in den Übungen (Aufgabe 5.3 und folgende).

Außerdem kann man für kleine n und jede mögliche Kombination von Bildern die optimale Lösung explizit von einem Programm zur linearen Optimierung berechnen lassen.

Aufgaben

5.1 Eine Idee, das einfache Steganographie-Verfahren aus Abschnitt 5.2 zu verbessern, besteht darin bei dem Verstecken der geheimen Nachricht nicht jedes niederwertigstes Bit zu benutzen, sondern nur einen Teil dieser Bits. Zum Beispiel könnte man nur jedes zehnte Bit zum Einbetten der Nachricht verwenden.

Wieso wird dadurch der visuelle Angriff erschwert? Warum ist dies trotzdem keine praktikable Lösung?

5.2 In Aufgabe 4.4 haben wir den Begriff der Zufälligkeit eines Verfahren zur visuellen Kryptographie eingeführt. Damit haben wir die Größe der Zufallszahlen, die wir pro Bildpunkt erzeugen müssen, gemessen. Zeigen Sie, dass das erweiterte visuelle Kryptographie-Verfahren für 2 Folien mit einer Zufälligkeit 2 realisiert werden kann.

5.3 Man kann auch Verfahren zur erweiterten visuellen Kryptographie betrachten, bei denen manche Folienkombinationen kein Bild oder dasselbe Bild liefern.

Nehmen wir z.B. an, dass für zwei vorgegebene Teilmengen T und T' gefordert ist, dass beim Übereinanderlegen der Folien mit den Nummern $i \in T$ bzw. $i \in T'$ jeweils das gleiche Bild rekonstruiert wird. Alle anderen Folienkombinationen liefern andere Bilder.

Welche Änderungen müssen bei der Formulierung des Optimierungsproblems vorgenommen werden, um diesen Fall zu beschreiben?

Wie wirken sich im Fall $T = \{1, \ldots, n-1\}$ und $T' = \{1, \ldots, n-2, n\}$ diese Änderungen auf die 16 Ungleichungen (5.6) aus?

5.4 Zeigen Sie, dass im Fall $|T| \equiv |T'| \mod 2$ die Änderungen aus Aufgabe 5.3 keine Auswirkungen auf die Lösung des Optimierungsproblems haben. Das heißt auch in diesem Fall liefert Konstruktion 5.2 das optimale Verfahren.

6

Von Betrügern und anderen unangenehmen Zeitgenossen

6.1 Betrüger ...

In unseren bisherigen Betrachtungen haben wir angenommen, dass alle Teilnehmer als gemeinsames Ziel die Rekonstruktion des geheimen Bildes haben. Aber ist dies notwendigerweise der Fall? Könnten nicht ein oder mehrere Teilnehmer auch ganz andere Ziele verfolgen?

Betrachten wir zum Beispiel das 2-aus-3 Schema (Konstruktion 4.1) aus Kapitel 4. Zur Erinnerung: Die Folien von Alice, Bob und Christine wurden nach den folgenden Regeln erzeugt.

Konstruktion

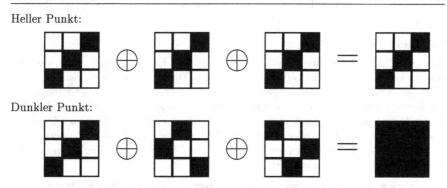

Bob und Christine können Alice nicht leiden und möchten verhindern, dass Alice das geheime Bild sieht. Natürlich könnten sich die beiden einfach weigern ihre Folien über die von Alice zu legen, aber sie können noch etwas viel gemeineres unternehmen. Zunächst treffen sie sich heimlich und rekonstruieren mit ihren beiden Folien das geheime Bild. Aber sie können noch mehr tun! Sie können die Folie von Alice rekonstruieren. Einen hellen Bildpunkt erkennen die beiden daran, dass ihre Folien übereinstimmen und Alice' Folie muss dann auch mit ihren übereinstimmen. Sind ihre beiden Folien an einem Punkt verschieden wird ein dunkler Bildpunkt codiert. Die Folie von Alice muss dann von ihren beiden Folien abweichen und ist dadurch wieder eindeutig bestimmt.

Beispiel

Bob und Christine untersuchen drei nebeneinanderliegende Bildpunkte. Sie sehen:

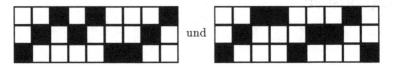

und

Ihre beiden Folien stimmen also in den ersten 3×3 Teilpunkten überein, weichen aber in den beiden anderen 3×3 Blöcken voneinander ab. Dies bedeutet das das Originalbild links einen weißen Punkt und rechts zwei schwarze Punkte enthält.

Alice' Folie muss daher im ersten 3×3 Block mit den Folien von Bob und Christine übereinstimmen und in den beiden anderen 3×3 Blöcken sowohl von Bobs als auch von Christines Folie abweichen.

Damit ist sie jedoch eindeutig bestimmt.

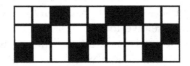

Bob und Christine kennen nach dieser Arbeit also die Folie von Alice. Sie können jetzt ein neues Bild wählen und sich neue Folien passend zu diesem Bild und Alice' Folie erzeugen.

Beispiel

Bob und Christine möchten Alice überzeugen, dass der rechte Bildpunkt weiß ist und die beiden anderen Bildpunkte schwarz sind. Dazu müssen sie im rechten 3×3 Block ihre Folien so abändern, dass sie mit der Folie von Alice übereinstimmen. Der mittlere 3×3 Block hat schon im Original einen schwarzen Punkt codiert, d.h. die beiden brauchen diesen Block nicht ändern. Damit der linke Block einen schwarzen anstelle eines weißen Punktes codiert, müssen die beiden Ihre Folien so ändern, dass sie von Alice' Folie (und damit auch von Bob und Christines ursprünglichen Folien) abweichen. Dies erreichen sie mit:

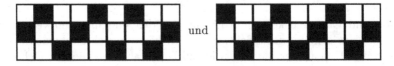

und

Wenn die beiden jetzt mit ihren neuen Folien zu Alice gehen wird diese das falsche Bild sehen. Alice hat dabei keine Möglichkeit den Betrug aufzudecken! Dies ist eine klare Schwäche des Systems und wir wollen im Folgenden sehen wie wir betrugssichere Systeme konstruieren können.

Definition 6.1

Als Betrüger werden alle Teilnehmer bezeichnet, die während des Rekonstruktionsvorgangs eine Folie beisteuern, die von der ursprünglich ausgeteilten abweicht. Betrüger können eine Koalition eingehen und ihre gefälschten Folien aufeinander abstimmen.

Der Betrug ist erfolgreich, wenn die Betrüger einen ehrlichen Teilnehmer (das Opfer) dazu bewegen können, ein anderes Bild als das ursprünglich codierte zu akzeptieren.

Ein wichtiger Punkt, den wir uns klar machen müssen, ist, dass es kein absolut betrugssicheres System gibt. Die Betrüger können immer das Aussehen der Folie des Opfers erraten und danach ihre gefälschten Folien ausrichten. Allerdings ist bereits bei 100 Bildpunkten und nur 2 Möglichkeiten pro Bildpunkt die Wahrscheinlichkeit für erfolgreiches Raten 2^{-100} (also 1 zu 1267650600228229401496703205376). Zum Vergleich: Die Wahrscheinlichkeit 6 Richtige im Lotto zu haben ist nur $\binom{49}{6}^{-1}$ (1 zu 13983816). Wenn die Betrüger raten müssen, sollten sie also besser ihr Glück beim Lotto versuchen.

Definition 6.2

Wir geben uns eine Betrugswahrscheinlichkeit p vor, z.B. $p = 2^{-64}$.

Ein System ist betrugssicher, wenn keine mögliche Koalition von Betrügern mit einer Chance $> p$ erfolgreich ist.

Auf der Homepage des Buches finden Sie das Programm **betrueger** mit dem Sie den hier besprochenen Angriff selbst durchführen können.

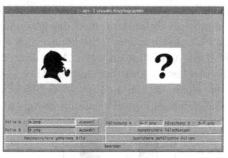

Wählen Sie in dem Dialog die Bilder von Bob und Christine aus. Klicken Sie auf „Rekonstruiere geheimes Bild". Es erscheint das geheime Bild.

Klicken Sie auf „Konstruiere Fälschungen". Es erscheint ein Auswahldialog, der Sie nach dem Bild fragt, mit dem sie betrügen wollen. Die beiden Folien für den Betrug werden dann automatisch berechnet. Geben Sie diesen Folien nun Namen (Einträge oben rechts) und speichern Sie sie ab.

4, 5, 6,
12, 13
Der auf der Hompage des Buches bereitgestellte Foliensatz enthält ebenfalls eine passende Demonstration. Nehmen Sie die Folien des 2-aus-3 Schema zur Hand (Folien 4, 5 und 6). Die Betrugsfolien von Bob und Christine haben die Nummern 12 und 13.

6.2 ... und Störer

Alice, Bob und Christine benutzen auch das bereits besprochene 3-aus-3 Schema (Konstruktion 4.2).

Zur Erinnerung folgen hier noch einmal die Grundgedanken der Konstruktion.

Konstruktion

Heller Punkt:

Dunkler Punkt:

Alice hat Bob und Christine im Verdacht bei dem vorangegangenen 2-aus-3 Schema betrogen zu haben und möchte sich jetzt dafür rächen. Da sie das geheime Bild nicht kennt, wird sie nicht in der Lage sein, Bob und Christine ein gefälschtes Bild als echt unterzuschieben. Alice setzt sich daher ein bescheideneres Ziel. Sie möchte verhindern, dass das geheime Bild rekonstruiert wird (und so Bob und Christine ärgern). Sie könnte sich einfach weigern ihre Folie über die von Bob und Christine zu legen. Aber dann wüssten die beiden, dass Alice der Spielverderber ist und dies möchte Alice vermeiden. Daher erstellt sie sich eine neue Folie, bei der sie ihre 2 × 2 Blöcke zufällig wählt, d.h. sie entscheidet sich bei jedem Bildpunkt zufällig zwischen

Wenn Alice, Bob und Christine nun ihre Folien übereinanderlegen, werden sie nur ein einheitliches Grau sehen (helle und dunkle Bildpunkte verteilen sich gleichmäßig über das Bild). Bob denkt: „Meine Folie ist in Ordnung. Also muss entweder Alice oder Christine ihre Folie geändert haben." Christine weiß, dass sie nicht betrogen hat und entweder Alice oder Bob der Schuldige sein muss. Alice wird natürlich auch auf ihre Unschuld pochen und Bob und Christine beschuldigen. Für Bob gibt es keine Möglichkeit Christine von seiner

Unschuld zu überzeugen und umgekehrt. Alice ist daher mit ihrem Störversuch erfolgreich und braucht keine Sanktionen zu befürchten.

Dies ist ebenfalls eine klare Schwäche des Systems, die vermieden werden sollte. Man denke nur an die Konsequenzen im Beispiel mit dem Banktresor, wenn es für einen Angestellten möglich wäre, das Öffnen des Tresors jederzeit zu verhindern, ohne Konsequenzen befürchten zu müssen.

Definition 6.3

Störer steuern wie auch Betrüger beim Rekonstruktionsvorgangs eine Folie bei, die von der ursprünglich ausgeteilten abweicht. Das Ziel der Störer ist die Rekonstruktion zu verhindern.

Die Störung ist erfolgreich, wenn es für die ehrlichen Teilnehmer unmöglich ist, die Störer zu identifizieren.

6.3 Betrugssichere Systeme

Wir wollen uns nun mit der Frage beschäftigen wie man sich in einem System mit geteilten Geheimnissen vor Betrügern und Störern schützen kann. Diese Frage ist nicht nur für visuelle Kryptographie interessant, sondern betrifft alle Verfahren zum Teilen von Geheimnissen. Die ersten, die visuelle Kryptographiesysteme auf ihre Betrugssicherheit untersucht haben, waren G. HORNG, T. CHEN und D.-S. TSAI [14]. Die Darstellung in diesem Kapitel folgt jedoch nicht ihren Ergebnissen, sondern geht neue Wege.

Betrachten wir z.B. das k-aus-n Verfahren aus Kapitel 4, bei dem ein geheimes Polynom $(k-1)$-ten Grades rekonstruiert wird. Wir variieren das Verfahren dahingehend, dass der i-te Teilnehmer nicht mehr einen zufälligen Punkt $(x_i, f(x_i))$ auf dem Graphen des Polynoms als Geheimnis erhält, sondern den Punkt $(i, f(i))$. Diese Änderung hat keine Auswirkung auf die Rekonstruktion des Geheimnisses $f(0)$. Noch immer können k Teilnehmer gemeinsam durch Lagrange-Interpolation das Polynom f und damit $f(0)$ berechnen. Weniger als k Teilnehmer haben keine Chance $f(0)$ zu bestimmen, da es für jeden möglichen Punkt $(0, y)$ auf der y-Achse und jede Menge M von höchstens $k-2$ Teilnehmern ein Polynom vom Grad $\leq k-1$ durch $(0, y)$ und $(i, f(i))$ mit $i \in M$ gibt. Das variierte Verfahren ist also immer noch ein k-aus-n Verfahren.

Der Vorteil des neuen Verfahrens besteht darin, dass sich jeder Teilnehmer nur noch eine statt zwei Zahlen als Geheimnis merken muss. Dieser Vorteil ist nicht zu unterschätzen, denken Sie zum Beispiel an den Unterschied, ob Sie sich ein 8- oder ein 16-stelliges Passwort merken müssen.

Der Nachteil ist jedoch, dass das neue Verfahren im Gegensatz zu dem ursprünglichen nicht mehr betrugssicher ist. Denn k Teilnehmer zusammen können f berechnen. Da ihnen auch die Nummern der anderen Teilnehmer bekannt sind, kennen sie nun deren Geheimnisse. Sie können nun ein Polynom wählen, das durch die Punkte der Betrugsopfer geht und die y-Achse in dem Punkt schneidet, den die Betrüger auswählen. Die Betrüger ändern danach ihre Geheimnisse so ab, dass sie zu dem neuen Polynom passen. (Bei dem ursprünglichen Verfahren scheiterte dieser Angriff, da die x-Koordinaten x_i der Opfer nicht zu erraten sind.)

In diesem Beispiel war nur eine kleine Änderung am Verfahren nötig, um ein betrugssicheres System in ein unsicheres System zu verwandeln. Die Änderung war insofern verlockend, als dass man die Größe der Geheimnisse halbieren konnte. Dies ist ein äußerst typischer Fall. Bei der Entwicklung der visuellen Kryptographie-Schemata haben wir das nicht betrugssichere Verfahren ja auch gewählt, da es den bestmöglichen Kontrast bietet. Wir wollen nun sehen wie wir betrugssichere visuelle Kryptographie-Schemata herstellen können.

Ein einfacher Weg solche Systeme herzustellen bieten die im vorangegangen Kapitel besprochenen erweiterten visuellen Kryptographie-Schemata. Da für verschiedene Teilnehmergruppen die rekonstruierten Bilder voneinander verschieden sind und kein Bild eine Information über die anderen Bilder liefert, ist ein Betrug nicht möglich. Wenn die Betrüger das geheime Bild nicht kennen, können sie auch nicht die Folie des Opfers rekonstruieren. Ein gezielter Betrug wird so ausgeschlossen. Stören ist ebenfalls unmöglich, da je zwei Folien zusammen ein Bild zeigen müssen. Es reicht für die Betrugssicherheit sogar aus, wenn die geheimen Bilder nicht voneinander unabhängig sind, sondern es reicht wenn man nur schwer von dem einem auf das andere Bild schließen kann. Man kann also auf allen geheimen Bildern den gleichen Text anzeigen, solange man nur die Position und Größe der Schrift auf jedem geheimen Bild variiert.

Wollen wir zum Beispiel ein betrugssicheres 2-aus-3 Schema konstruieren, so können wir ein erweitertes visuelles Kryptographie-Schema mit drei Teilnehmern wählen, bei dem die Kombination von je zwei Folien ein geheimes Bild ergibt. Gemäß Konstruktion 5.2 muss so ein Verfahren $2^{2-1} + 2^{2-1} + 2^{2-1} = 6$ Teilpunkte pro Bildpunkt benutzen.

Der Nachteil im Vergleich zu dem einfachen, nicht betrugssicheren 2-aus-3 Schema ist, dass der Kontrast von $1/3$ auf $1/6$ gefallen und die Anzahl der notwendigen Teilpunkte von 3 auf 6 gestiegen ist. Da wir zusätzliche Ansprüche an das 2-aus-3 Verfahren stellen, ist es nicht verwunderlich, dass unser neues Verfahren komplizierter sein muss als das ursprüngliche. Das Verfahren aus Konstruktion 4.1 (Bei dem Verfahren mit den Polynomen mussten wir auch zwei Zahlen statt einer Zahl speichern, um uns vor einem Betrug zu schützen.) Die Verschlechterung des Kontrastes von $1/3$ auf $1/6$ ist für die visuelle Kryptographie schlimmer, als die Vergrößerung der Anzahl der Teilpunkte. Die folgende Konstruktion zeigt am Beispiel eines störsicheren Systems einen besseren Weg (die Übertragung auf betrugssichere Systeme geschieht in Aufgabe 6.9).

Bei n Teilnehmern unterteilt man das Bild in $\binom{n}{2} + 1$ Teile. In einem zufällig ausgewählten Teil wird ein ganz normales visuelles Kryptographie-Schema kodiert. Zusätzlich wird für jedes Paar von Personen ein 2-aus-2 Schema erzeugt. Beim Übereinanderlegen der beiden Folien sieht man ein Kontrollbild. Für die restlichen $n-2$ Folien wird ein zu dem 2-aus-2 Schema passendes Punktmuster berechnet, das es unmöglich macht, das 2-aus-2 Schema von dem eigentlichen visuellen Kryptographie-Schema zu unterscheiden. (Wie dies geht wird am gleich folgenden Beispiel eines 3-aus-3 Verfahrens klar.) Diese 2-aus-2 Schemata werden in den restlichen $\binom{n}{2}$ Bildteilen gespeichert. Das folgende Beispiel zeigt, wie man auf diese Art ein 3-aus-3 Verfahren schützten kann.

Konstruktion 6.1

Wir wollen ein störsicheres 3-aus-3 Schema entwerfen. Dazu beginnen wir mit dem 3-aus-3 Schema aus Kapitel 4. Die Grundmuster dieses Schemas waren:

Im Gegensatz zu Kapitel 4 werden wir jedoch nicht festlegen, dass auf der ersten Folie immer die senkrechten Streifen, auf der zweiten Folie immer die waagerechten Streifen und auf der dritten Folie immer die diagonalen Muster gewählt werden müssen. Stattdessen werden wir zulassen, dass jedes Muster auf jeder Folie mit der gleichen Wahrscheinlichkeit erscheint. (Dies hat den Nachteil, dass man beim Generieren der Folien mehr Zufallszahlen erzeugen muss. Es gibt jeweils 24 statt wie früher nur 4 Möglichkeiten. Aber anders kann die Sicherheit des Verfahrens nicht gewährleistet werden (siehe Aufgabe 6.7).)

Dieses 3-aus-3 Schema wird in einer zufälligen Ecke der Folien platziert.

Nun erzeugen wir ein 2-aus-2 Schema für die Folie Nr. 1 und Nr. 2 wie folgt. Bei der Codierung eines hellen Punktes bekommen beide Teilnehmer die gleiche Kombination. Für einen dunklen Punkt werden zwei Kombinationen die zusammen vier schwarze Teilpunkte ergeben gewählt. In jedem Fall wird für die Folie Nr. 3 eine der anderen 4 Kombinationen gewählt. Eine mögliche Kombination für einen hellen Punkt wäre also

während ein dunkler Punkt etwa durch

dargestellt werden könnte.

Dieses 2-aus-2 Schema wird in einer der noch nicht belegten Ecken der Folien platziert. Auch diese Ecke muss zufällig gewählt werden.

Auf die gleiche Art erzeugen wir auch 2-aus-2 Schemata für Folie Nr. 1 bzw. Folie Nr. 2 zusammen mit Folie Nr. 3, die in den beiden restlichen Ecken der Folien platziert werden.

Warum handelt es sich hierbei um ein störsicheres Verfahren? Sagen wir z.B., dass der Besitzer der dritten Folie die Rekonstruktion des geheimen Bildes verhindern möchte. Er weiß nicht an welcher Position das geheime Bild steht und an welchen Positionen nur die Kontrollbilder stehen. Ersetzt er also seine komplette Folie durch ein Zufallsmuster, so ergibt das Übereinanderlegen der 3 Folien ein Bild, das etwa wie folgt aussieht:

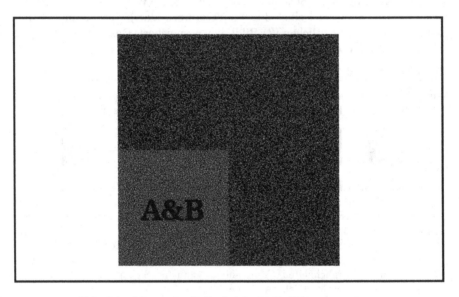

Abb. 6.1: C hat seine Folie durch ein Zufallsmuster ersetzt

Man erkennt deutlich das Kontrollbild $A\&B$. Daher wissen die Besitzer der Folien 1 und 2 das ihre Folien nicht verändert wurden. Das Fehlen der Kontrollbilder $A\&C$ sowie $B\&C$ beweist, dass die Störung vom dritten Teilnehmer verursacht wurde. Natürlich kann C versuchen, die Position des geheimen Bildes zu raten und nur den entsprechenden Teil seiner Folie durch zufälliges Rauschen zu ersetzen. Die Chance, die richtige Ecke zu finden und damit erfolgreich zu stören, ist jedoch nur $1/4$. Fügt man mehr Kontrollbilder ein, so kann die Chance für erfolgreiches Stören beliebig verringert werden (vergleiche Aufgabe 6.5 und 6.6).

Das Verfahren bietet noch mehr. Es können sich zwei Personen, z.B. A und C alleine treffen und ihre Folien übereinanderlegen. Dadurch rekonstruieren sie das Kontrollbild $A\&C$, was ihnen beweist, dass der jeweils andere seine Folie nicht verändert hat. Auch nach so einem Treffen ist es für C nicht möglich erfolgreich zu stören, da er die Position des Kontrollbildes $B\&C$ nicht kennt.

Aber Vorsicht! Gelingt es C sich heimlich sowohl mit A als auch mit B zu treffen, kann er die Lage der Kontrollbilder $A\&C$ sowie $B\&C$ herausfinden. Danach kann er die restliche Hälfte seiner Folie durch zufälliges Rauschen ersetzen und unerkannt stören. Man sollte also besser solche 2-Parteientreffen unterlassen.

Der Kontrast dieses störsicheren 3-aus-3 Schemas ist $\frac{1}{4}$ genau wie beim einfachen 3-aus-3 Schema allerdings ist nur $\frac{1}{4}$ der Folie effektiv nutzbar oder anders gesagt wir benötigen pro Punkt des ursprünglichen Bildes $4 \cdot 4 = 16$ Teilpunkte. Bei der einfachen Variante waren es nur vier Teilpunkte.

Das hier beschriebene Verfahren zur Erstellung eines störsicheren 3-aus-3 Schemas wird von dem Programm **3-aus-3-stoer** implementiert. Die Bedingung unterscheidet sich nicht von den bereits besprochenen Programmen **2-aus-3** und **3-aus-3**.

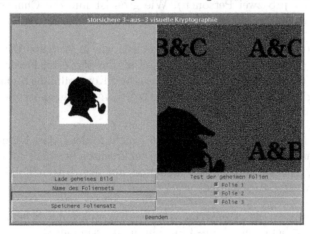

Mit ähnlichen Mitteln lassen sich auch betrugssichere Verfahren konstruieren (siehe Übung 6.9).

Aufgaben

6.1 Legen Sie die Folien 5 (Bobs ursprüngliche Folie) und 12 (Bobs gefälschte Folie) übereinander. Was sehen Sie und warum? 5, 12

6.2 Was sehen Sie, wenn Sie die Folien 5 und 13 (Christines gefälschte Folie) übereinanderlegen? Versuchen Sie diesmal das Ergebnis im Voraus zu bestimmen. 5, 13

6.3 Betrachten Sie nun ein 2-aus-4 Schema. Der Einfachheit halber wählen wir das einfache Schema mit den Grundmustern

das am Anfang von Abschnitt 4.2 besprochen wurde. Wie können Bob, Christine und Daniel zusammen Alice betrügen?

6.4 Daniel ist zur Zeit nicht erreichbar (weder für Bob und Christine noch für Alice). Ist es nun für Bob und Christine alleine möglich Alice zu betrügen?

6.5 Bei dem einfachen System von Konstruktion 1 ist die Betrugswahrscheinlichkeit immer noch $\frac{1}{4}$. Wir wollen dies nun dadurch verbessern, dass wir die Folie in 16 Teilbereiche zerlegen. In vier zufällig ausgesuchten Bereichen wird das geheime Bild codiert. Die anderen 12 Bereiche sind für die Kontrollbilder (je vier Bilder pro zwei Personen). Wie groß ist nun die Chance für einen erfolgreichen Störversuch.

6.6 Mit einer Unterteilung in 16 Teilgebiete wie in Aufgabe 6.5 kann man noch eine geringere Störwahrscheinlichkeit als die dort erreichte erzielen. Welches Verhältnis zwischen geheimen Bildern und Kontrollbildern sollte man für die bestmögliche Störwahrscheinlichkeit wählen? Wie groß ist die Störwahrscheinlichkeit in diesem Fall?

6.7 Warum kann man in Konstruktion 6.1 nicht fordern, dass bei dem 3-aus-3 Verfahren auf der ersten Folie immer ein senkrechten Streifen, auf der zweiten Folie immer ein waagerechter Steifen und auf der dritten Folie immer ein diagonales Muster zu sehen ist?

6.8 Wie kann man ein erweitertes visuelles Kryptographie-Schema benutzen, um das Stören bei einem 3-aus-3 Verfahren zu verhindern?

Vergleichen Sie ihre Lösung mit dem Verfahren, bei dem die Folie in vier Bereiche unterteilt wird.

6.9 Konstruieren Sie analog zu Konstruktion 6.1 ein betrugssicheres 2-aus-3 Verfahren mit gutem Kontrast.

(Tipp: Unterteilen Sie die Folie in sechs Bereiche. Drei der sechs Teile werden für die Codierung des geheimen Bildes benötigt. Die anderen Teile enthalten Kontrollbilder.)

Von Graustufen und Farben

7.1 Darf's auch etwas Farbe sein?

Bisher haben wir nur einfache Schwarz-Weiß-Bilder mit visueller Kryptographie codiert. Nun wollen wir uns fragen, ob auch kompliziertere Bilder mit mehreren Graustufen oder Farben behandelt werden können.

Eine einfache Lösung führt die Codierung von Bildern mit Graustufen auf die Codierung von Schwarz-Weiß-Bildern zurück.

Konstruktion 7.1

Wenn ein Bild aus nur 5 Graustufen besteht (0%, 25%, 50%, 75% und 100% Schwärzung), so können wir es auch als ein Schwarz-Weiß-Bild auffassen, in dem wir jeden Punkt in 2×2 Teilpunkte zerlegen und den Grauton durch die Anzahl der schwarzen Teilpunkte codieren, d.h. wir codieren die fünf Graustufen nach der folgenden Tabelle.

Original	Schwarz-Weiß-Bild

Auf das so entstandene Schwarz-Weiß-Bild können wir alle bekannten Algorithmen zur visuellen Kryptographie anwenden.

Ein ähnlicher Gedanke hilft auch Farbbilder zu codieren. Hier ist die Idee, auf einer Folie die Farben darzustellen und die andere Folie zum Ausblenden der unerwünschten Farben zu benutzen.

Beispiel

Wir unterteilen jeden Punkt in vier Teilpunkte. Auf der ersten Folie färben wir diese vier Teilpunkte in einer zufälligen Reihenfolge mit den Farben weiß, rot, grün und blau. Auf der zweiten Folie sind immer drei von vier Teilpunkten schwarz gefärbt. Mit dem nicht gefärbten Teilpunkt wird entschieden, welche Farbe der ersten Folie sichtbar bleibt. Die Codierung eines roten Punktes kann also wie folgt geschehen.

Die Sicherheit des Verfahrens ist offensichtlich, da auf der ersten Folie gemäß Konstruktion eine zufällige Permutation der vier Farben zu sehen ist. Aber auch die zweite Folie alleine zeigt nur eine Kombination, bei der zufällig drei der vier Teilpunkte schwarz gefärbt sind.

Will man mit diesem Verfahren mehr als nur vier Farben codieren, so muss man die Punkte einfach nur in mehr Teilpunkte unterteilen. Der Kontrast der so erzeugten Bilder wird jedoch mit steigender Anzahl von Teilpunkten immer schlechter.

Dieses Verfahren liefert jedoch keinen optimalen Kontrast. Im letzten Beispiel waren nur 1/4 der Bildpunkte einer roten Fläche tatsächlich rot. In diesem Kapitel wollen wir bessere Verfahren entwickeln. (Am Ende des Kapitels werden wir mit Hilfe von linearer Optimierung sehen, dass für die vier Farben weiß, rot, grün, blau der Kontrast von 1/4 auf 1/2 verbessert werden kann.)

Bevor wir zu den Verfahren zur Codierung von Farbbildern kommen, wollen wir noch ein sehr elegantes Verfahren von Naor und Shamir [26] für die Codierung von Bildern mit einer beliebigen Anzahl von Graustufen besprechen.

Konstruktion 7.2

Auf jeder Folie wird ein Punkt durch einen Kreis dargestellt, von dem genau eine Hälfte schwarz gefärbt ist. In dem man die schwarzen Kreisscheiben auf beiden Folien gegeneinander verdreht kann man erreichen, dass beim Übereinanderlegen der Anteil der schwarzen Fläche einen beliebigen Wert zwischen 1/2 und 1 annimmt.

Ein typischer Punkt würde also wie folgt codiert.

 In diesem Fall sind etwa 64% des Kreises schwarz gefärbt. Dies repäsentiert im codierten Bild einen verhältnismäßig hellen Grauton.

Dieses Verfahren zur Erzeugung von verschlüsselten Bildern mit Graustufen ist in dem Programm `vis-crypt-grau` implementiert. Die erzeugten Bilder werden im Scalable Vector Graphics Format (SVG) gespeichert. Optimalerweise sollten Sie mit einem Vektorgrafikprogramm, wie z.B. dem freien `inkscape` weiterverarbeitet werden.

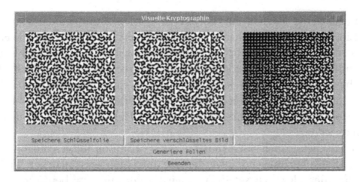

Der Rest des Kapitels ist der Entwicklung von guten Schemata zur farbigen visuellen Kryptographie gewidmet. Doch bevor wir damit beginnen können, müssen wir noch einige Grundlagen über Farben und Farbmischung lernen.

7.2 Farbmodelle

Farbe ist der Sinneseindruck, der entsteht, wenn Licht einer bestimmten Wellenlänge oder eines Wellenlängengemisches auf die Netzhaut des Auges fällt. Dabei können wir nicht alle Wellenlängen gleich gut unterscheiden, z.B. empfinden wir rot und violett als ähnlich, obwohl sie an entgegengesetzten Enden des Spektrums liegen.

Farbe ist also ein subjektives Konzept, sodass es kein Wunder ist, dass im Laufe der Zeit für die verschiedene Anwendungen eine Reihe von unterschiedlichen Farbmodellen entwickelt wurden. Im Folgenden sollen die wichtigsten Modelle genauer vorgestellt werden.

Eine häufig gewählte Darstellung ist der Farbkreis.

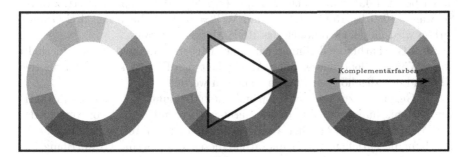

Abb. 7.1: Der Farbkreis

Dabei werden die Farben in einem Kreis angeordnet, sodass ähnliche Farben dicht beieinanderliegen.

Gegenüberliegende Farben im Farbkreis werden Komplementärfarben genannt. Ein Paar von Komplementärfarben ergibt bei der additiven Farbmischung weiß und bei der subtraktiven Farbmischung schwarz (siehe unten). Die Grundfarben für die beiden noch zu besprechenden Modelle RGB und CMYK bilden im Farbkreis jeweils die Ecken eines gleichseitigen Dreiecks. Ein im künstlerischen Bereich beliebtes Farbmodell beschreibt Farben durch ihre Position im Farbkreis, ihrer Sättigung und Helligkeit (HSV-Modell: huge, saturation, value).

Beim Mischen von Farben müssen zwei Varianten unterschieden werden. Bei der additive Farbmischung werden Lichtstrahlen verschiedener Wellenlänge übereinandergelegt. Dieses Prinzip wird unter anderem bei Computerbildschirmen eingesetzt. Drei dicht beieinanderliegende Punkte in den Grundfarben Rot, Grün und Blau ergeben den Farbeindruck.

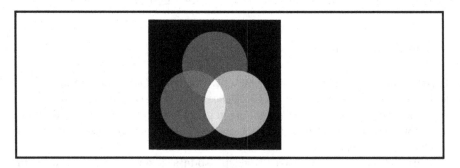

Abb. 7.2: additive Farbmischung

Wollen wir Farben durch additive Farbmischung darstellen, so müssen wir daher die jeweiligen Anteile der Grundfarben (Rot, Grün, Blau) angeben. Eine Farbe wird daher durch einen Tripel $(r, g, b) \in [0, 1]^3$ repräsentiert, z.B. ist Schwarz= $(0, 0, 0)$, Rot= $(1, 0, 0)$ und Weiß= $(1, 1, 1)$. Nach den drei Grundfarben wird dieses Farbmodell das RGB-Modell genannt.

Im RGB-Farbmodell können wir daher Farben mit einem Punkt innerhalb eines Würfels identifizieren. Die Ähnlichkeit der Farben kann dann als der Abstand der zugehörigen Punkte gemessen werden.

Im Gegensatz zur additiven Farbmischung beginnt man bei der subtraktiven Farbmischung mit Weiß und entfernt nacheinander Licht von verschiedener Wellenlänge. Das Mischen von Druckfarben wird durch subtraktive Farbmischung beschrieben. Die Grundfarben dieses Modells sind Cyan (Blaugrün, Türkis), Magenta (Rotblau, Purpur) und Gelb. Aus praktischen Gründen setzen Drucker Schwarz jedoch nicht aus den drei Grundfarben zusammen, sondern enthalten schwarz als zusätzliche Grundfarbe. Man spricht daher vom CMYK-Modell (cyan, magenta, yellow, key).

Unsere Beschreibung der verschiedenen Farbmodelle ist in mancher Hinsicht stark vereinfacht. In Wirklichkeit können weder im RGB- noch im

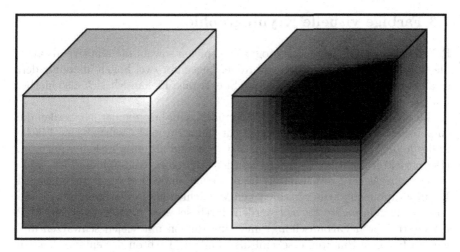

Abb. 7.3: Der RGB-Farbwürfel

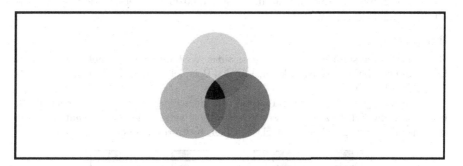

Abb. 7.4: subtraktive Farbmischung

CMYK-Modell alle vom Menschen erkennbaren Farben dargestellt werden. Außerdem unterscheiden sich die in den verschiedenen Modellen darstellbaren Farben. (Es gibt weniger Farben, die im CMYK-Modell darstellbar sind, was bei manchen Druckern durch spezielle Fototinten teilweise kompensiert wird.) Dies macht z.B. die Farbabstimmung zwischen Monitoren und Druckern so schwierig.

Da wir bei der visuellen Kryptographie jedoch ohnehin mit Kontrasteinbußen leben müssen, brauchen wir uns um diese Feinheiten nicht zu kümmern. Wir werden daher mit dem folgenden, vereinfachten Farbmodell arbeiten.

Alle Farben sind im RGB-Würfel zu finden. Durch die additive Mischung von je zwei der drei Grundfarben (Rot, Grün, Blau) erhält man die drei Grundfarben (Cyan, Magenta, Gelb) der subtraktiven Farbmischung. Umgekehrt erhält man durch subtraktive Mischung von je zwei der drei Farben Cyan, Magenta bzw. Gelb wieder die drei Grundfarben (Rot, Grün, Blau) des RGB-Modells.

7.3 Farbige visuelle Kryptographie

Bei der farbigen visuellen Kryptographie spielen sowohl die additive als auch die subtraktive Farbmischung eine Rolle. Legt man zwei Folien übereinander, so absorbiert jede Folie einen Teil des Spektrums. Es handelt sich also hierbei um eine subtraktive Farbmischung.

Liegen aber verschiedenfarbige Teilpunkte eng beieinander, so werden die entsprechenden Farben additiv gemischt. Zum Beispiel erscheint eine Fläche in der je die Hälfte der Punkte cyan bzw. rot sind als ein sehr heller Farbton. (Bei perfekter additiver Mischung würden wir reines Weiß erhalten.)

Das am Anfang des Kapitels besprochene einfache System zur visuellen Kryptographie nutzt die verschiedenen Möglichkeiten der Farbmischung kaum aus. Nicht gebrauchte Farben werden durch schwarz abgedeckt (Extremfall der subtraktiven Farbmischung) und eine Region mit vielen schwarzen und einigen farbigen Punkten erscheint als (dunkler) Farbton der entsprechenden Farbe.

Das folgende Beispiel nutzt die Möglichkeiten der verschiedenen Farbmischungen viel besser aus.

Beispiel

Wir wollen ein System konstruieren, dass außer Weiß und Schwarz noch zwei weitere Komplementärfarben codieren kann. Für das Beispiel wählen wir Rot und Cyan als zusätzliche Farben.

Dazu wird jeder Punkt in 4 Teilpunkte zerlegt die jeweils in den Farben Weiß, Rot, Cyan und Schwarz gefärbt werden. Es gibt 4 verschiedene Kombinationen, die auf jeder Folie mit gleicher Wahrscheinlichkeit auftreten können.

Die Folien können auf die folgenden Arten kombiniert werden, um die vier verschiedenen Farben darzustellen.

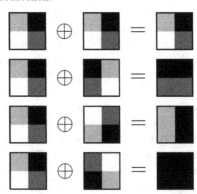

Schwarz wird perfekt dargestellt. Um die Farben Rot und Cyan darzustellen, wird die jeweils andere Farbe von dem schwarzen Teilpunkt verdeckt. Als Farbeindruck erhält man ein dunkles rot bzw. cyan. Sind beide Folien gleich, so erhält man einen hellen Farbton, der Weiß entspricht.

Man wählt nun für die erste Folie eine der vier Kombinationen zufällig aus und bestimmt die Kombination für die zweite Folie entsprechend der zu codierenden Farbe.

Das oben beschriebene Verfahren ist in dem Programm `vis-crypt-farbe` implementiert. Die Bedienung des Programms ist identisch mit der Bedienung des Programms für Schwarz-Weiß-Bilder `vis-crypt`.

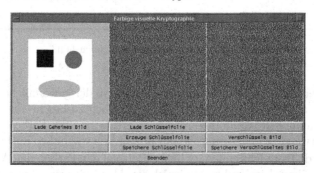

An dieser Stelle stellt sich natürlich die Frage, wie gut dieses Schema ist. Dazu müssen wir zunächst klären, was wir unter gut verstehen wollen. Ein einfaches Konzept wie der Kontrast steht uns nicht mehr zur Verfügung, da mehr als zwei Farben verglichen werden müssen.

Betrachten wir noch einmal die Definition des Kontrastes für ein Schwarz-Weiß-Bild. Die relative Häufigkeit der schwarzen Teilpunkte in einem hellen Punkt sei h, und d sei die relative Häufigkeit der schwarzen Teilpunkte in einem dunklen Punkt.

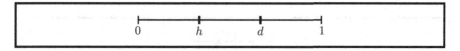

Abb. 7.5: Die Werte h und d auf dem Zahlenstrahl.

Statt den Kontrast $d - h$ zu maximieren, können wir auch die Summe der Abstände von h zu 0 und d zu 1, d.h. $(d - 0) + (1 - h)$ minimieren. Wir werden die Summe der Abstände der dargestellten Farben (Grautöne mit den Werten h bzw. d) von den idealen Farben weiß (0) bzw. schwarz (1) als die Güte des Schemas bezeichnen. In dieser Form können wir den Kontrastbegriff auf allgemeine Schemata ausdehnen.

Den Abstand zweier Farben werden wir anhand des RGB-Farbwürfels definieren.

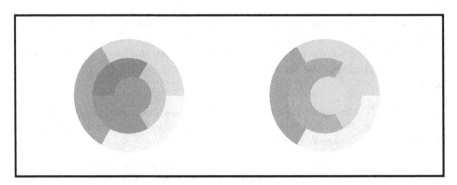

Abb. 7.6: Welche Farben sind gleich hell?

An dieser Stelle stellt sich jedoch die Frage, ob der gewöhnliche Abstands-begriff geeignet ist, um die Ähnlichkeit von Farben zu beschreiben.

Schaut man sich Abbildung 7.6 an, so erscheinen die Farben im rechten Farbkreis etwa gleich hell, während der linke Kreis von außen nach innen eher dunkler wird. Trotzdem haben im linken Beispiel alle Farben den Abstand $\frac{\sqrt{2}}{2}$ von weiß, während im rechten Beispiel die Abstände von außen nach innen jeweils 0.707, 0.354 bzw. 0.236 sind. Die gewöhnliche Abstandsfunktion ist also nicht geeignet um die Ähnlichkeit von Farben zu messen.

Allerdings ist die gewöhnliche Definition des Abstands keineswegs die ein-zig mögliche.

Wir stellen uns eine Stadt vor, nennen wir sie Manhatten, die aus unendlich vielen Straßen in Nord-Süd bzw. Ost-West Richtung besteht. In dieser Stadt verkehren Taxis, die uns von einer Kreuzung zu einer anderen bringen können. Da ein Taxi immer nur auf den Straßen fahren kann, ist der Weg zwischen zwei Punkten für das Taxi in der Regel länger als die Luftlinie.

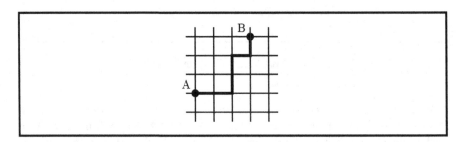

Abb. 7.7: Der Abstand zwischen A und B ist 6 Einheiten lang.

Die Taxigeometrie unterscheidet sich in einigen Punkten von der gewöhn-lichen euklidischen Geometrie, so ist z.B. der kürzeste Weg zwischen zwei Punkten in der Regel nicht eindeutig bestimmt. Viele Begriffe wie Kreis oder

Mittelsenkrechte lassen sich jedoch auch in der Taxigeometrie definieren. Allerdings ändern sich ihre Eigenschaften zum Teil dramatisch.

Beispiel

Ein Kreis um O ist die Menge alle Punkte, die den gleichen Abstand von O haben. In der Taxigeometrie sieht ein Kreis mit Radius 2 wie folgt aus.

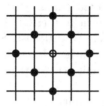

Man sieht außerdem, dass der Umfang des Kreises 16 Einheiten lang ist. In der Taxigeometrie gilt also $\pi = 4$!

Die Abstandsfunktion der Taxigeometrie lässt sich ohne weiteres auf den Farbwürfel übertragen. Der Abstand zweier Farben mit den RGB-Werten (r, g, b) bzw. (r', g', b') ist dann

$$d = |r - r'| + |g - g'| + |b - b'| \,.$$

Der Abstand eines Punktes zum Nullpunkt $(0, 0, 0)$ wird auch als Norm des Punktes bezeichnet. Die hier definierte Norm heißt Betragssummennorm oder 1-Norm. (Der letzte Name deutet an, dass diese Norm zu einer ganzen Familie von Normen gehört. In dieser Familie findet man auch den gewöhnlichen euklidischen Abstand als 2-Norm wieder.)

Es stellt sich heraus, dass die Betragssummennorm dem intuitivem Empfinden des Abstands bei Farben besser gerecht wird. Im Abbildung 7.6 wurde der rechte Farbkreis so gewählt, dass der Abstand der Farben von Weiß in der Betragssummennorm konstant ist. Wir werden im Folgenden daher immer die Betragssummennorm statt der euklidischen Norm benutzten.

Definition 7.1

Werden in einem Schema zur farbigen visuellen Kryptographie die Farben $F_1, \ldots, F_k$ mit den RGB-Werten $(r_{F_1}, g_{F_1}, b_{F_1}), \ldots, (r_{F_k}, g_{F_k}, b_{F_k})$ durch die Farben $F'_1, \ldots, F'_k$ mit den RGB-Werten $(r'_{F_1}, g'_{F_1}, b'_{F_1}), \ldots, (r'_{F_k}, g'_{F_k}, b'_{F_k})$ dargestellt, so ist

$$A = \sum_{i=1}^{k} |r_{F_i} - r'_{F_i}| + |g_{F_i} - g'_{F_i}| + |b_{F_i} - b'_{F_i}|$$

die Abweichung des Schemas vom Sollwert.
Eine Schema ist optimal, wenn seine Abweichung unter allen Schemata, die die Farben $F_1, \ldots, F_k$ codieren können, minimal ist.

Wir wollen nun die Konstruktion eines farbigen visuellen Kryptographie-Schemas als Optimierungsproblem formulieren.

Wenn wir uns noch einmal Konstruktion 7.1 ansehen erkennen wir, dass in einem Schema zur farbigen visuellen Kryptographie nur die acht Grundfarben (Weiß, Rot, Grün, Blau, Cyan, Magenta, Gelb und Schwarz), die den Ecken des RGB-Würfels entsprechen, gebraucht werden. Einen dunkelroten Bereich (RGB-Wert $(0.5, 0, 0)$) könnte man genausogut durch einen Bereich darstellen in dem die Hälfte der Punkte hellrot (RGB-Wert $(1, 0, 0)$) und die Hälfte der Punkte schwarz (RGB-Wert $(0, 0, 0)$) ist. Sind die verwendeten Punkte klein genug entsteht der gleiche Farbeindruck. Diese Beobachtung erlaubt uns einfachere Modelle, da wir nur mit acht statt mit potenziell unendlich vielen Farben arbeiten müssen.

Den Anteil der Grundfarbe f mit

$$f \in \{\text{weiß (w),rot (r),grün (g),blau (b),}$$
$$\text{cyan (c),magenta (m),gelb (y),schwarz (k)}\}$$

auf der Folie i ($i \in \{1, 2\}$) bezeichnen wir mit $x_f^{(i)}$. Diese Anteile liegen definitionsgemäß im Intervall $[0, 1]$ und es gilt

$$x_w^{(i)} + x_r^{(i)} + x_g^{(i)} + x_b^{(i)} + x_c^{(i)} + x_m^{(i)} + x_y^{(i)} + x_k^{(i)} = 1 \ .$$

Man vergleiche dies mit dem Optimierungsproblem, das wir für Schwarz-Weiß-Bilder erstellt haben. Bei Schwarz-Weiß-Bildern benötigten wir nur die Grundfarben Weiß und Schwarz. Außerdem konnten wir ausnutzen, dass alle Teilpunkte die nicht schwarz sind, weiß sein müssen. Daher brauchten wir nur jeweils eine Variable für den Anteil der schwarzen Teilpunkte auf den beiden Folien. Diese Variablen hatten wir $g_{\{1\}}$ und $g_{\{2\}}$ genannt.

Für jede der zu codierenden Farben F_i brauchen wir 64 Variablen ($x_{f_1, f_2}^{(F_i)}$). Die Variablen beschreiben für jede Kombination zweier Grundfarben f_1, f_2 den Anteil der Teilpunkte, die auf der ersten Folie die Farbe f_1 und auf der zweiten Folie die Farbe f_2 haben.

Diese Variablen entsprechen den Variablen $x_{\{1\}}^{(h)}$, $x_{\{2\}}^{(h)}$, $x_{\{1,2\}}^{(h)}$, $x_{\{1\}}^{(d)}$, $x_{\{2\}}^{(d)}$, $x_{\{1,2\}}^{(d)}$ zur Beschreibung eines Schemas für Schwarz-Weiß-Bilder. Dort hatten wir keine Variablen eingeführt, die den Anteil der Teilpunkte beschreiben, die auf beiden Folien weiß sind. Dies war nicht nötig, da dieser Anteil $1 - x_{\{1\}}^{(h)} - x_{\{2\}}^{(h)} - x_{\{1,2\}}^{(h)}$ bzw. $1 - x_{\{1\}}^{(d)} - x_{\{2\}}^{(d)} - x_{\{1,2\}}^{(d)}$ ist.

Nun kann sich der Anteil $x_{f_1}^{(1)}$ der Farbe f_1 auf der ersten Folie nicht dadurch ändern, dass man eine zweite Folie darüberlegt. Dies führt auf die Nebenbedingung:

$$\sum_{f_2} x_{f_1, f_2}^{(F_i)} = x_{f_1}^{(1)} \quad \text{für alle möglichen Farben } f_1 \text{ und } F_i \ .$$

Entsprechend erhalten wir für die zweite Folie die Nebenbedingungen:

$$\sum_{f_1} x_{f_1,f_2}^{(F_i)} = x_{f_2}^{(2)} \quad \text{für alle möglichen Farben } f_2 \text{ und } F_i \,.$$

Bei dem Schema für Schwarz-Weiß-Bilder haben wir diese Bedingungen in der folgenden Form ausgedrückt. Der Anteil der schwarzen Teilpunkte auf einer Folie ist unabhängig von der Farbe des zu codierenden Punktes:

$$x_{\{1\}}^{(h)} + x_{\{1,2\}}^{(h)} = g_{\{1\}} = x_{\{1\}}^{(d)} + x_{\{1,2\}}^{(d)}$$

und

$$x_{\{2\}}^{(h)} + x_{\{1,2\}}^{(h)} = g_{\{2\}} = x_{\{2\}}^{(d)} + x_{\{1,2\}}^{(d)} \,.$$

Auch hier mussten wir nur Gleichungen für die schwarzen Teilpunkte aufstellen. Für die weißen Teilpunkte gelten ähnliche Gleichungen, diese mussten wir jedoch nicht extra aufschreiben, da sie wegen

$$\text{Weißanteil} = 1 - \text{Schwarzanteil}$$

automatisch erfüllt werden.

Dies sind bereits alle Nebenbedingungen. Wir müssen nun nur noch die Zielfunktion formulieren.

Das Ziel ist die Abweichung

$$A = \sum_{i=1}^{k} |r_{F_i} - r'_{F_i}| + |g_{F_i} - g'_{F_i}| + |b_{F_i} - b'_{F_i}|$$

zu minimieren. Dazu müssen wir für jede codierte Farbe F_i den erreichten RGB-Wert $(r'_{F_i}, g'_{F_i}, b'_{F_i})$ ausrechnen und mit dem Sollwert $(r_{F_i}, g_{F_i}, b_{F_i})$ vergleichen. Es gilt, dass der rot-Anteil r'_{F_i} der gemeinsame Anteil der weißen, roten, magentafarben und gelben Teilpunkte ist, d.h.

$$r'_{F_i} = x_{w,w}^{(F_i)} + x_{w,r}^{(F_i)} + x_{w,m}^{(F_i)} + x_{w,y}^{(F_i)} + x_{r,w}^{(F_i)} + x_{r,r}^{(F_i)} + x_{r,m}^{(F_i)} + x_{r,y}^{(F_i)} + \\ x_{m,w}^{(F_i)} + x_{m,r}^{(F_i)} + x_{m,m}^{(F_i)} + x_{m,y}^{(F_i)} + x_{y,w}^{(F_i)} + x_{y,r}^{(F_i)} + x_{y,m}^{(F_i)} + x_{y,y}^{(F_i)}$$

Analog kann man den grün- und den blau-Anteil berechnen.

$$g'_{F_i} = x_{w,w}^{(F_i)} + x_{w,g}^{(F_i)} + x_{w,c}^{(F_i)} + x_{w,y}^{(F_i)} + x_{g,w}^{(F_i)} + x_{g,g}^{(F_i)} + x_{g,c}^{(F_i)} + x_{g,y}^{(F_i)} + \\ x_{c,w}^{(F_i)} + x_{c,g}^{(F_i)} + x_{c,c}^{(F_i)} + x_{c,y}^{(F_i)} + x_{y,w}^{(F_i)} + x_{y,g}^{(F_i)} + x_{y,c}^{(F_i)} + x_{y,y}^{(F_i)}$$

$$b'_{F_i} = x_{w,w}^{(F_i)} + x_{w,b}^{(F_i)} + x_{w,m}^{(F_i)} + x_{w,c}^{(F_i)} + x_{b,w}^{(F_i)} + x_{b,b}^{(F_i)} + x_{b,m}^{(F_i)} + x_{b,c}^{(F_i)} + \\ x_{m,w}^{(F_i)} + x_{m,b}^{(F_i)} + x_{m,m}^{(F_i)} + x_{m,c}^{(F_i)} + x_{c,w}^{(F_i)} + x_{c,b}^{(F_i)} + x_{c,m}^{(F_i)} + x_{c,c}^{(F_i)}$$

Da, wie bereits oben bemerkt, nur eine Teilmenge der Grundfarben Weiß, Rot, Grün, Blau, Cyan, Magenta, Gelb, Schwarz codiert werden soll, gilt

$$r_{F_i}, g_{F_i}, b_{F_i} \in \{0,1\} \ .$$

Da die Variablen $r'_{F_i}, g'_{F_i}, b'_{F_i}$ alle in $[0,1]$ liegen, können wir die Zielfunktion ganz ohne Hilfe der Betragsfunktion formulieren. Wir erhalten also ein lineares Optimierungsproblem. (Hier hatten wir Glück, dass die Beträge in der Zielfunktion so leicht vermieden werden konnten, aber auch ohne das zusätzliche Wissen über $r_{F_i}, g_{F_i}, b_{F_i} \in \{0,1\}$ würde man ein lineares Optimierungsproblem erhalten. Es ist dann lediglich etwas schwieriger die Betragsfunktion durch eine lineare Funktion zu ersetzen (siehe auch Aufgabe 7.4).)

Beispiel

Um das einführende Beispiel mit den Farben Weiß, Schwarz, Rot und Cyan als Optimierungsproblem schreiben zu können, benötigen wir 284 Variablen.

16 Variablen $x_{f_i}^{(j)}$ zur Beschreibung der Farbverteilung auf den zwei Folien und für jede der vier zu codierenden Farben 64 Variablen zur Beschreibung der Kombination der zwei Folien und die 3 Variablen $r'_{F_i}, g'_{F_i}, b'_{F_i}$.

Bei der optimalen Lösung haben die meisten Variablen den Wert 0. (Dies ist keine Besonderheit des Problems, sondern spiegelt nur die Tatsache wider, dass bei linearen Optimierungsproblemen das Optimum in einer Ecke des zulässigen Bereichs angenommen wird.)

Die von 0 verschiedenen Variablen sind:

$$x_w^{(1)} = x_r^{(1)} = x_c^{(1)} = x_k^{(1)} = x_w^{(2)} = x_r^{(2)} = x_c^{(2)} = x_k^{(2)} = \frac{1}{4}$$

Das optimale Verfahren benutzt daher vier Teilpunkte in den Farben Weiß, Rot, Cyan und Schwarz.

Es gilt ferner

$$x_{w,w}^{(w)} = x_{r,r}^{(w)} = x_{c,c}^{(w)} = x_{k,k}^{(w)} = \frac{1}{4}$$

$$x_{w,r}^{(r)} = x_{r,w}^{(r)} = x_{c,k}^{(r)} = x_{k,c}^{(r)} = \frac{1}{4}$$

$$x_{w,c}^{(c)} = x_{r,k}^{(c)} = x_{c,w}^{(c)} = x_{k,r}^{(c)} = \frac{1}{4}$$

$$x_{w,k}^{(k)} = x_{r,c}^{(k)} = x_{c,r}^{(k)} = x_{k,w}^{(k)} = \frac{1}{4}$$

Diese Werte sagen uns, wie die Muster auf den beiden Folien kombiniert werden müssen, um die einzelnen Farben zu codieren.

Wir erhalten also genau das Verfahren, aus dem Beispiel am Anfang dieses Abschnitts.

Außer dem bereits besprochenen Verfahren mit den beiden Komplementärfarben sind vor allem die folgenden beiden Verfahren noch von Interesse.

Beispiel

Will man die vier Farben Weiß, Rot, Grün und Blau codieren, so kommt man nach Lösung der Optimierungsaufgabe auf das folgende Verfahren.

Jeder Punkt wird in vier Teilpunkte zerlegt und auf jeder Folie werden diese vier Teilpunkte in einer zufälligen Reihenfolge mit den Farben Cyan, Magenta, Gelb und Schwarz gefärbt. Die Codierung der verschiedenen Farben erfolgt nach folgender Vorschrift.

Weiße Punkte werden durch

oder eine beliebige Permutation dieser Kombination codiert.
    Rote Punkte werden durch

codiert. Grüne und blaue Punkte werden entsprechend durch

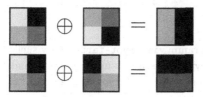

codiert.

Die Folien 14 und 15 sind ein Beispiel für dieses Verfahren.

📖 14,15

Beispiel

Sollen alle acht Grundfarben codiert werden, so muss jeder Punkt in acht Teilpunkte geteilt werden. Die Codierung der acht Farben wird nach folgedem Schema vorgenommen (Reihenfolge Weiß, Rot, Grün, Blau, Cyan, Magenta, Gelb, Schwarz).

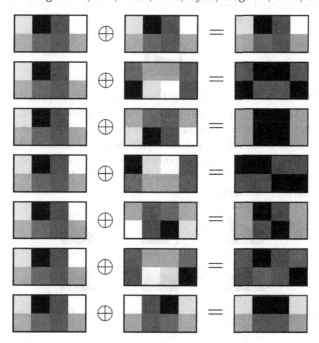

Das Muster für Weiß erreicht den RGB-Wert $(\frac{1}{2}, \frac{1}{2}, \frac{1}{2})$. Der RGB-Wert $(1, 1, 1)$ wäre perfekt. Die Abweichung vom Sollwert ist somit bei Weiß $3 \cdot \frac{1}{2}$. Ebenso sieht man, dass die Farbe Rot durch einen RGB-Wert von $(\frac{1}{2}, 0, 0)$ codiert wird, was eine Abweichung von $\frac{1}{2}$ liefert. Gleiches gilt für Grün und Blau. Die Farben Cyan, Magenta und Gelb liefern je eine Abweichung von $2 \cdot \frac{1}{2}$. Schwarz wird als einzige Farbe perfekt codiert. Die Gesamtabweichung von Sollwert ist somit

$$A = 3 \cdot \frac{1}{2} + 3 \cdot \frac{1}{2} + 3 \cdot 2 \cdot \frac{1}{2} + 0 = 6 \ .$$

Dies ist optimal.

Analog zu dem Programm `vis-crypt-farbe`, das visuelle Kryptographie mit den vier Farben weiß, rot, cyan und schwarz implementiert, finden Sie auf der Hompage des Buches auch die Programme `vis-crypt-farbe2` und `vis-crypt-farbe3`, die die obigen Schemata realisieren.

Aufgaben

7.1 Bei der Darstellung von Graustufenbildern mit Konstruktion 7.2 ergibt sich als Nachteil, dass zwischen den Kreisscheiben große Teile der verfügbaren Fläche ungenutzt bleiben. Eine besser Methode basiert auf quadratischen Grundelementen, wie etwa:

Graue Punkte werden auch bei diesem Verfahren dadurch codiert, dass die schwarzen Bereiche auf beiden Folien gegeneinander verdreht werden. Allerdings ist bei dem neuen Schema der Drehwinkel nicht mehr proportional zu dem codierten Grauwert. So sind in den beiden folgenden Beispielen die Schwarzbereiche je um 30° gegeneinander verdreht, aber einmal werden 60% und beim anderen Mal nur 57% der Gesamtfläche überdeckt, d.h. die codierten Grautöne unterscheiden sich.

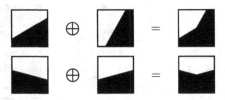

Man kann also die Verdrehung nicht proportional zum gewünschten Grauwert wählen. Auf welche Weise muss sie stattdessen berechnet werden?

7.2 Wir benutzen nun bei einem System zur Codierung von Graustufen die Grundmuster aus Aufgabe 7.1 mit der dort bestimmten Verdrehung der Muster gegeneinander.

Bestimmt man auf der Schlüsselfolie das Muster dadurch, dass man den Winkel α in

gleichverteilt in dem Bereich von 0° bis 360° wählt, so liefert die Nachrichtenfolie Information über das geheime Bild. Wie kann man diese Information im Rahmen eines Angriffs ausnutzen?

Mit welcher Verteilung müssen die Muster auf der Schlüsselfolie gewählt werden, um ein sicheres Verfahren zu erhalten?

7.3 Die Mittelsenkrechte zweier Punkte P und Q ist die Menge aller Punkte, die von P und Q den gleichen Abstand haben. Zeichnen Sie in der Taxigeometrie die Mittelsenkrechte der Punkte

(a) $P = (0,0)$, $Q = (4,0)$,
(b) $P = (0,0)$, $Q = (4,2)$,
(c) $P = (0,3)$, $Q = (3,0)$.

7.4 Bei der Formulierung eines Schemas zur farbigen visuellen Kryptographie mussten wir eine Summe von Beträgen minimieren. Dies ist zunächst einmal ein nichtlinearer Ausdruck. In dem konkreten Fall wussten wir, dass $r'_{F_i} \in [0,1]$ gilt und r_{F_i} ist 0 bzw. 1, wir konnten daher $|r_{F_i} - r'_{F_i}|$ durch r'_{F_i} bzw. $1 - r'_{F_i}$ ersetzen und so die Betragsfunktion vermeiden. Bei diesem Trick nutzten wir zwar spezielle Eigenschaften des Optimierungsproblems aus, aber dies wäre nicht nötig gewesen.

Zeigen Sie allgemein: Man kann ein Optimierungsproblem mit linearen Restriktionen und der Zielfunktion

$$\text{Minimiere:} \quad A = \sum_i |x_i|$$

durch ein lineares Optimierungsproblem ersetzen.

Ersetzen Sie dazu x_i durch $x_i^+ - x_i^-$ sowie $|x_i|$ durch $x_i^+ + x_i^-$ mit $x_i^+ \geq 0$ und $x_i^- \geq 0$.

7.5 In Definition 7.1 wurde die Güte eines Schemas zur farbigen visuellen Kryptographie als die Summe der Abweichungen von den dargestellten Farben zum Sollwert

$$A = \sum_{i=1}^{k} |r_{F_i} - r'_{F_i}| + |g_{F_i} - g'_{F_i}| + |b_{F_i} - b'_{F_i}|$$

festgelegt. Ein anderes plausibles Gütekriterium wäre der Maximalabstand einer codierten Farbe zum Sollwert. Das heißt wir müssten

$$\bar{A} = \max_{1 \leq i \leq k} \{|r_{F_i} - r'_{F_i}| + |g_{F_i} - g'_{F_i}| + |b_{F_i} - b'_{F_i}|\}$$

minimieren.

Ändern sie das Optimierungsproblem für das Auffinden von farbigen visuellen Kryptographie-Schemata so ab, dass $\bar{A}$ anstatt A minimiert wird. Achten Sie darauf, dass das neue Optimierungsproblem wieder linear ist. Führen Sie dazu die neue Variable $\bar{A}$ ein und verwenden Sie die Ungleichungen

$$|r_{F_i} - r'_{F_i}| + |g_{F_i} - g'_{F_i}| + |b_{F_i} - b'_{F_i}| \leq \bar{A} \, .$$

7.6 Das Gütekriterium aus Definition 7.1 war so gewählt, dass es für Schwarz-Weiß-Bilder das klassische Verfahren zur visuellen Kryptographie als Optimum liefert.

Bei dem variierten Gütekriterium aus Aufgabe 7.5 ist dies nicht der Fall. Wie sieht das im Sinne von Aufgabe 7.5 optimale Schwarz-Weiß-Verfahren aus? Warum trifft dieses Verfahren nicht das intuitive Verständnis von optimal?

7.7 Im Beispiel für die optimale Codierung der vier Farben Weiß, Rot, Grün und Blau haben wir jeden Punkt in vier Teilpunkte unterteilt und diese Teilpunkte in den Farben Cyan, Magenta, Gelb und Schwarz gefärbt. Das entsprechende Optimierungsproblem hat jedoch noch weitere Lösungen.

Finden sie ein optimales Verfahren zur Codierung der vier Farben Weiß, Rot, Grün und Blau, bei dem die Teilpunkte die Farben Weiß, Rot, Grün und Blau haben. Berechnen sie die Qualität der codierten Farben von ihrem neuen Schema und den Farben im Beispiel. Überzeugen Sie sich, dass beide Verfahren die gleiche Qualität liefern.

7.8 Man kann farbige visuelle Kryptographie auch mit mehr als zwei Folien betreiben. Diese Aufgabe soll ein System mit 3 Folien entwickeln.

Für jede codierte Farbe F_i benötigen wir $8^3 = 512$ Variablen $x^{(F_i)}_{f_1,f_2,f_3}$, die die möglichen Farbkombinationen auf den drei Folien beschreiben.

(a) Welche Forderungen muss man an die $x^{(F_i)}_{f_1,f_2,f_3}$ stellen, damit bei einem 3-aus-3 Schema zwei Folien allein keine Information über die codierte Farbe liefern? Wie werden beim Übereinanderlegen der drei Folien die Rot-, Grün- und Blauanteile berechnet? Stellen Sie ein entsprechendes Optimierungsproblem auf.

(b) Bei einem 2-aus-3 Schema kann jedes der drei möglichen Folienpaare das geheime Bild rekonstruieren. Daher gibt es auch für jedes der drei Folienpaare $\{i_1, i_2\}$ eine Abweichung des Schemas vom Sollwert:

$$A_{\{i_1,i_2\}} = \sum_{i=1}^{k} |r_{F_i} - r'_{F_1}| + |g_{F_i} - g'_{F_1}| + |b_{F_i} - b'_{F_1}|$$

Bei einem optimalen 2-aus-3 Schema soll das Maximum dieser drei Abweichungen minimal werden. Wie kann dies als lineares Optimierungsproblem formuliert werden?

Lösungen

Aufgaben von Kapitel 1

1.1 Die folgende Tabelle zeigt alle Möglichkeiten, mit denen in Konstruktion 1.1 ein Punkt codiert werden kann.

Bildpunkt	Muster auf der Folie	Muster, das der Automat anzeigt
schwarz		
schwarz		
weiß		
weiß		

Der Tabelle entnimmt man, dass je zwei Spalten eindeutig den Eintrag der dritten Spalte bestimmen.

Laut Aufgabenstellung kennt der Automat die Farbe des geheimen Bildes, da er errät wie die Karte den gewünschten Betrag anzeigen will. Außerdem ist ihm natürlich das Muster, das er auf seinem Display anzeigen soll bekannt.

Mit diesen Informationen kann der Automat das Muster auf unserer Folie berechnen. Kennt der Automat erst einmal das Muster der Folie, kann er alle Berechnungen, die eigentlich von der Kreditkarte ausgeführt werden sollen, nachvollziehen. Der Automat ist somit in der Lage dem Benutzer ein beliebiges Bild als ein von der Kreditkarte bestätigtes Bild unterzuschieben. Die Sicherheit des Verfahrens ist in diesem Fall also genauso schlecht, als würden wir keine visuelle Kryptographie einsetzen.

Betrachten wir noch einmal das Beispiel mit der Kreditkarte. Angenommen der Automat kann in dem geheimen Bild

die Position der Null erraten. Dann kann er auf seiner Anzeige alle zugehörigen Stellen abändern (in der Abbildung unten sind diese Änderungen durch hellgraue Punkte hervorgebhoben). Der Benutzer sieht, wenn er seine Folie jetzt über das Display des Automaten legt, das Bild ohne die Null.

1.2

(a) Der häufigste Buchstabe im Geheimtext ist das V. Wir raten daher, dass V für e steht. Also wird a durch R verschlüsselt. Testweise entschlüsseln mit dieser Verschiebung liefert den Klartext:
Verschiebechiffren sind nicht sicher.
Dies bestätigt unsere Vermutung.

(b) Bei diesem Beispiel ist der Text zu kurz, um durch Analyse der Buchstabenhäufigkeiten zu einem Ergebnis zu kommen. Wir müssen daher alle 26 Möglichkeiten für den Schlüssel ausprobieren. Den einzigen sinnvollen Klartext (Jetzt!) erhalten wir beim Schlüssel V (a→V, b→W, ...).

1.3 Wir betrachten immer jeden vierten Buchstaben, des Geheimtextes und zählen die Häufigkeit, der auftretenden Geheimtextzeichen.

Unter den jeweils ersten Buchstaben der Viererblöcke ist Q mit Abstand der häufigste. (Q kommt siebenmal vor, der zweithäufigste Buchstabe Z kommt nur fünfmal vor.) Es spricht also vieles dafür, dass Q für e steht. Wie vermuten daher, dass der erste Buchstabe des Schlüsselworts M ist.

Der dritte Buchstabe I des Schlüsselworts ergibt sich genauso eindeutig und beim vierten Buchstaben N des Schlüsselworts ist der Abstand des häufigsten Buchstaben vom zweithäufigsten Buchstaben im Geheimtext nicht ganz so groß.

Beim zweiten Buchstaben des Schlüsselworts stoßen wir auf ein Problem. Im Geheimtext kommen I und W gleich oft vor (je fünfmal). Wir müssen raten welcher der beiden Buchstaben für E steht. Die möglichen Schlüsselwörter sind MEIN bzw. MSIN. Die erste Möglichkeit erscheint uns wahrscheinlicher.

Wir entschlüsseln den Text daher testweise mit dem Schlüsselwort MEIN und erhalten den Klartext:

Wenige Menschen sind davon zu ueberzeugen, dass es kein ganz Leichtes ist eine Methode der Geheimschrift zu finden, die der Entschluesselung trotzt.

(Das Zitat stammt aus A. E. Poes Essay über Geheimschriften.)

1.4 Wir stellen uns die Frage: Wie müssen die ersten fünf Zeichen des Schlüsselworts lauten, damit komme als WCZFE verschlüsselt wird?

Nachschlagen in dem Vigenère-Tableau liefert, dass das Schlüsselwort mit MONTA beginnen muss. Unser Vermutung ist, dass MONTAG das Schlüsselwort ist. Testweises Entschlüsseln liefert den Klartext:

Komme morgen zum vereinbarten Treffpunkt.

Aufgaben von Kapitel 2

2.1 Wir schreiben $x \log x = \frac{\log x}{1/x}$. Wegen $\lim_{x \to 0} \log x = -\infty$ und $\lim_{x \to 0} 1/x = \infty$ können wir die Regel von L'Hospital anwenden.

Es seien $f(x)$ und $g(x)$ zwei Funktionen. Ferner gelte $\lim_{x \to a} f(x) = \lim_{x \to a} g(x) = 0$ bzw. $\lim_{x \to a} f(x) = \lim_{x \to a} g(x) = \infty$. Dann gilt falls $\lim_{x \to a} \frac{f'(x)}{g'(x)}$ existiert:

$$\lim_{x \to a} \frac{f(x)}{g(x)} = \lim_{x \to a} \frac{f'(x)}{g'(x)}$$

Es folgt:

$$\lim_{x \to 0} \frac{\log x}{1/x} = \lim_{x \to 0} \frac{1/x}{-1/x^2} = \lim_{x \to 0} -x = 0 \ .$$

2.2 Um die bedingte Entropie E_A auszurechnen, benötigen wir die bedingten Wahrscheinlichkeiten

$$p(A \mid A) = \frac{p(AA)}{p(A)} \approx \frac{0.00023}{0.06} \approx 0.0038,$$

$$p(B \mid A) = \frac{p(AB)}{p(A)} \approx \frac{0.00450}{0.06} \approx 0.075,$$

$$\vdots$$

$$p(Z \mid A) = \frac{p(AZ)}{p(A)} \approx \frac{0.00024}{0.06} \approx 0.004.$$

Einsetzen dieser Wahrscheinlichkeiten in die Definition für die Entropie ergibt

$$E_A \approx 3.72 \ .$$

Die folgende Tabelle fasst die Ergebnisse für die verschiedenen Buchstaben zusammen:

A	B	C	D	E	F	G	H	I	J	K	L	M
3.72	2.34	0.37	2.88	3.53	3.55	2.56	3.76	3.17	1.36	3.14	3.55	3.53

N	O	P	Q	R	S	T	U	V	W	X	Y	Z
3.9	3.8	3.07	0	4.14	3.7	3.51	3.4	1.54	2.24	2	3.95	2.48

Man achte besonders auf die Entropie E_Q, da im Deutschen auf Q immer ein U folgt existiert in diesem Fall keine Unsicherheit über den folgenden Buchstaben, d.h. $E_Q = 0$.

Dies führt auf die Schätzung

$$E = p(A)E_A + \ldots + p(Z)E_Z \approx 3.36$$

für die Entropie der deutschen Sprache pro Buchstabe. Dies ist bereits deutlich niedriger (und damit auch besser) als die grobe Schätzung 4.06, die wir in Kapitel 2 über die Häufigkeiten der Buchstaben erhalten haben.

2.3 Für eine $M_1 \in \mathcal{M}_1$ bezeichnen wir mit $p_1(M_1)$ die Wahrscheinlichkeit, dass diese Nachricht von $\mathcal{M}_1$ erzeugt wird. Entsprechendes gilt für Nachrichten $M_2 \in \mathcal{M}_2$.

Gemäß Konstruktion erzeugt $\mathcal{M} = \mathcal{M}_1 + \mathcal{M}_2$ die Nachricht (M_1, M_2) mit Wahrscheinlichkeit $p(M_1, M_2) = p_1(M_1)p_2(M_2)$. Es folgt:

$$
\begin{aligned}
H(\mathcal{M}) =\ & -\sum_{M_1 \in \mathcal{M}_1} \sum_{M_2 \in \mathcal{M}_2} p(M_1, M_2) \log_2 p(M_1, M_2) \\
=\ & -\sum_{M_1 \in \mathcal{M}_1} \sum_{M_2 \in \mathcal{M}_2} p_1(M_1)p_2(M_2) \log_2(p_1(M_1)p_2(M_2)) \\
=\ & -\sum_{M_1 \in \mathcal{M}_1} \sum_{M_2 \in \mathcal{M}_2} p_1(M_1)p_2(M_2)[\log_2 p_1(M_1) + \log_2 p_2(M_2)] \\
=\ & -\sum_{M_1 \in \mathcal{M}_1} \sum_{M_2 \in \mathcal{M}_2} p_1(M_1)p_2(M_2) \log_2 p_1(M_1) \\
& -\sum_{M_1 \in \mathcal{M}_1} \sum_{M_2 \in \mathcal{M}_2} p_1(M_1)p_2(M_2) \log_2 p_2(M_2) \\
=\ & -\sum_{M_2 \in \mathcal{M}_2} p_2(M_2) \sum_{M_1 \in \mathcal{M}_1} p_1(M_1) \log_2 p_1(M_1) \\
& -\sum_{M_1 \in \mathcal{M}_1} p_1(M_1) \sum_{M_2 \in \mathcal{M}_2} p_2(M_2) \log_2 p_2(M_2) \\
=\ & -\sum_{M_2 \in \mathcal{M}_2} p_2(M_2)H(\mathcal{M}_1) - \sum_{M_1 \in \mathcal{M}_1} p_1(M_1)H(\mathcal{M}_2) \\
=\ & H(\mathcal{M}_1) + H(\mathcal{M}_2)
\end{aligned}
$$

2.4 Bei unabhängigen Zufallsvariablen gilt

$$p(X = x \mid Y = y) = \frac{p(X = x, Y = y)}{p(Y = y)} = \frac{p(X = x)p(Y = y)}{p(Y = y)} = p(X = x)\,.$$

Daher folgt

$$H(X \mid Y = y) = -\sum_x p(X = x \mid Y = y) \log_2 p(X = x \mid Y = y)$$

$$= -\sum_x p(x) \log_2 p(x) = H(X)$$

und daher

$$H(X \mid Y) = -\sum_y H(X \mid Y = y) = H(X) \ .$$

Also gilt wie behauptet

$$I(X,Y) = H(X) - H(X \mid Y) = 0 \ .$$

Dies entspricht auch der intuitiven Vorstellung, dass X und Y als unabhängige Zufallsvariablen nichts miteinander zu tun haben.

Aufgaben von Kapitel 3

3.1 Überlegen wir was $p' = 0$ bzw. $p' = 1$ bedeutet. $p' = 0$ heißt, dass das einzige Bild das potenziell gesendet werden könnte das komplett weiße Bild ist. Bei $p' = 1$ ist nur das komplett schwarze Bild möglich.

Wenn es nur ein mögliches Bild gibt, kennt der Angreifer dies auch schon bevor das Bild gesendet wird (denn es gibt keine Alternative). Wenn er dann das verschlüsselte Bild sieht erfährt er nichts Neues. Die Formel berücksichtigt dies, indem die wechselseitige Information in diesem Fall 0 wird.

3.2 Wir erinnern an die Tabelle mit der gemeinsamen Verteilung.

Geheimes Bild	Schlüsselfolie	Nachrichtenfolie	Wahrscheinlichkeit
schwarz			$p'p$
schwarz			$p'(1-p)$
weiß			$(1-p')p$
weiß			$(1-p')(1-p)$

Gemäß Formel (2.3) ist die wechselseitige Information zwischen den beiden Folien also

$$I = p'p \log_2 \frac{p'p}{p[p'p + (1-p')(1-p)]} +$$

$$p'(1-p) \log_2 \frac{p'(1-p)}{(1-p)[p'(1-p) + (1-p')p]} +$$

$$(1-p')p \log_2 \frac{(1-p')p}{p[(1-p')p + p'(1-p)]} +$$

$$(1-p')(1-p) \log_2 \frac{(1-p')(1-p)}{(1-p)[(1-p')(1-p) + p'p]}$$

Für die plausiblen Werte $p = 0.5$ und $p' = 0.1$ ergibt sich $I \approx 0.53$, also eine relativ hohe wechselseitige Information. Dies ist jedoch nicht verwunderlich und deutet nicht auf ein Sicherheitsrisiko hin, sondern drückt nur die Tatsache aus, dass der Besitzer der Nachrichtenfolie weiß, dass nicht alle möglichen Schlüsselfolien in Frage kommen, sondern nur solche, die in Kombination mit seiner Folie ein „vernünftiges" Bild ergeben.

3.3 Wir erzeugen eine Folie, die nur das Muster ▨ enthält. Legen wir diese Folie über die Nachrichtenfolie, so sehen wir helle Punkte überall dort, wo das Muster ▨ auftritt und dunkle Punkte an allen anderen Stellen.

Die folgende Abbildung zeigt, wie mit dieser Folie das Beispiel aus Abschnitt 3.2 entschlüsselt wird.

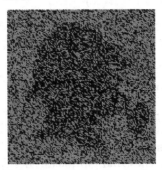

3.4 Die folgenden Abbildungen zeigen die Rekonstruktion der geheimen Bilder. Für den schwierigen Fall der Folie `geheim2`, ist die durch den Medianfilter aufbereitete Rekonstruktion ebenfalls abgebildet.

Die Lösung lautet natürlich: Sherlock Holmes!

3.5 Wenn wir wie im Text beschrieben das Auftreten von ▨▨ bzw. ▨▨ durch einen weißen Punkt und das Auftreten von ▨▨ bzw. ▨▨ durch einen schwarzen Punkt markieren, erhalten wir die folgende Rekonstruktion des verschlüsselten Bildes.

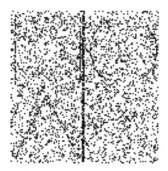

Man erkennt in der rechten oberen Ecke deutlich die Umrisse eines Kreises. In der linken unteren Ecke kann man die zwei Seiten eines Dreiecks erkennen. Waagerechte Linien im Original werden durch die Codierung verborgen und müssen aus dem Zusammenhang erschlossen werden. Mit diesem Gedanken im Hinterkopf fällt es auch nicht schwer in den beiden dünnen senkrechten Linien im oberen linken Viertel, die Umrisse eines Quadrats zu sehen. Die dicke Linie in der Mitte der Rekonstruktion entspricht einer dünnen schwarzen Linie im Original.

Es wurde also das folgende Bild verschlüsselt. (Es handelt sich dabei übrigens um das Logo des Bundeswettbewerb Mathematik.)

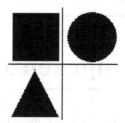

Die Wahrscheinlichkeit, dass auf der Schlüsselfolie zwei aufeinanderfolgende Kombinationen gleich sind, lag im Beispiel übrigens bei 80%.

3.6 Eine Änderung ist im Prinzip nicht nötig. Geht man jedoch so vor wie bei der vorangegangenen Aufgabe, so werden die Ränder des geheimen Bildes als helle Linien auf dunklem Untergrund rekonstruiert. Da dunkle Linien auf hellem Untergrund in der Regel besser zu erkennen sind, bietet es sich also an, die Rekonstruktion wie folgt abzuwandeln.

Markiere das Auftreten von ▨ bzw. ▨ durch einen schwarzen Punkt und das Auftreten von ▨ bzw. ▨ durch einen weißen Punkt.

3.7 Man kann die mittleren vier Stellen einer achtstelligen Zahl wie folgt erhalten.

1. Dividiere durch 100 und ignoriere den Rest.
2. Betrachte von dem Ergebnis den Rest bei Division durch 1000, d.h. die letzten vier Stellen.

In den meisten Programmiersprachen wird diese Anweisung durch

$$(x/100)\%1000 \text{ oder } \texttt{int}(x/100)\%1000$$

umgesetzt.

Ein Programm liefert nun schnell die Fixpunkte 0 (trivial), 100, 2500, 3792 und 7600.

Für sechsstellige Zahlen müssen wir entsprechend

$$\texttt{x==((x*x)/1000)\%100000}$$

testen. Die Fixpunkte sind diesmal 0, 1000, 10000, 50000, 60000, 376000, 495475, 625000 und 971582.

(Man beachte die Ähnlichkeiten zwischen diesen Fixpunktmengen.)

3.8 Wir vermuten, dass die erste Zeile des geheimen Bildes nur aus weißen Punkten besteht. Das Motiv wird wahrscheinlich in der Mitte sein. Unter dieser Vermutung können wir den Anfang der verwendete Zufallsfolge bestimmen.

0101000100101001110100100000101100...

Diese Folge wurde vermutlich durch $x \bmod 2$ berechnet. Da es in diesem Fall nur 10000 verschiedene Startwerte für die Pseudozufallsfolge gibt, können wir den richtigen Startwert schnell durch Probieren ermitteln.

Man erhält das Ergebnis, dass der Startwert 1234 gewesen sein muss und dass das folgende Bild verschlüsselt wurde:

> # lineare
> # Kongruenzen

3.9 Es kommt sehr darauf an, wie die CD mit Zufallszahlen erzeugt wurde. Wenn man sich selbst ein Gerät zum Erzeugen echter Zufallszahlen besorgt, dieses immer richtig wartet und die CD mit den Zufallszahlen anschließend durch einen vertrauenswürdigen Kurier zu dem Sender und Empfänger bringt, der sie bis zum Gebrauch sicher unter Verschluss hält, dann hat man ein One-Time-Pad. Sicherer geht es nicht, allerdings ist der Aufwand wie immer beim One-Time-Pad extrem hoch.

Eine veröffentlichte CD, wie die in der Aufgabe genannte zu verwenden, ist eine ganz schlechte Idee. Gehen Sie davon aus, dass ein Angreifer diese CD auch hat und irgendwann auf die Idee kommt diese Zufallszahlen einmal auszuprobieren.

3.10 Für diese Aufgabe gibt es ausnahmsweise keine Lösung. Ich will Ihnen den Spaß am Knobeln nicht verderben.

3.11 Wir betrachten einen einzelnen Bildpunkt. Falls die drei Bilder an dieser Stelle weiß sind, so stimmt an diese Stelle die Kombination auf einer Nachrichtenfolie in der Hälfte alle Fälle mit der Schlüsselfolie überein. Die Wahrscheinlichkeit, dass alle drei Nachrichtenfolien übereinstimmen ist somit $2\left(\frac{1}{2}\right)^3 = \frac{1}{4}$. In einem solchen Bereich wird also nur $\frac{1}{8}$ der Teilpunkte weiß bleiben.

Sind zwei der drei Bilder an dieser Stelle weiß und das dritte Bild ist schwarz, so weicht die Kombination auf der dritten Nachrichtenfolie von der Schlüsselfolie ab. Die Wahrscheinlichkeit, dass dies auch für die ersten beiden Nachrichtenfolien gilt ist $\frac{1}{2} \cdot \frac{1}{2} = \frac{1}{4}$. Der Anteil der weißen Teilpunkt in so einem Bereich ist somit $\frac{1}{8}$.

Sind genau zwei der drei Bilder schwarz, so stimmen die Kombinationen auf den entsprechenden Folien überein. Die Wahrscheinlichkeit, dass auch die Folie mit ihnen übereinstimmt ist $\frac{1}{2}$. In diesem Fall wird also $\frac{1}{4}$ der Teilpunkte weiß bleiben.

Sind alle Bilder schwarz, so stimmen auch alle drei Nachrichtenfolien überein, d.h. die Hälfte der entsprechenden Teilpunkte bleibt weiß.

Somit kann man die Bereiche in denen alle drei Bilder schwarz sind als sehr helle Stellen erkennen. Die Bereiche, in denen genau zwei der drei Bilder schwarz sind, sind etwas dunkler. Der gesamte Rest erscheint als ein einheitliches, sehr dunkles Grau.

Dies ist auch schon fast alles, was man über die Bilder herausfinden kann. Das einzige was man zusätzlich herausfindet, wenn man nur zwei der drei Folien übereinanderlegt, ist im Fall von zwei schwarzen und einem weißen Punkt, auf welcher Folie der weiße Punkt liegt.

3.12 Zunächst verwenden wir auch die anderen Hinweisworte `sent`, `agent`, `stop` aus der Aufgabenstellung.

Wie im Text am Beispiel `impregnated` erläutert, entschlüsseln wir alle Stellen testweise mit dem Hinweiswort und suchen nach sinnvollem Text.

Im Fall `agent` erkennen wir an der 15-ten Stelle das Wort `murde`, das ganz offensichtlich zu `murder` ergänzt werden muss.

```
arunningkeysoqMavqxkluerszs ...
ulohhchaeysmikgUpkrefoylmtmm ...
wnqjjejcgauokmiwRmtghqanovoon ...
nehaavatxrlfbdzniDkxyhrefmffes ...
hybuupunrlfzvxthcxErsblyzgzzymh ...
```

Bei den kurzen Wörter `sent` und `stop` ist das Erkennen eines Klartextfragments nicht mehr so einfach, und man muss damit rechnen, einen Teil der Vorkommen zu übersehen oder auch fälschlich auf ein Vorkommen zu schließen.

Im Fall von `sent` werden wir am Anfang des Textes fündig. Das Schlüsselwort beginnt mit `in hu` wobei wir noch nicht wissen, wie das mit `hu` anfangende Wort ergänzt werden muss.

```
Izcvvqvosmgawyuidy ...
wNqjjejcgauokmiwrmt ...
neHaavatxrlfbdznidkx ...
hybUupunrlfzvxthcxers ...
```

Das Erkennen von `stop` ist sehr schwer. Die plausibelsten Stellen sind die 25-te Position im Text mit den Schlüsselwortfragment `aged` und die 73-te

Position mit dem Schlüsselwortfragment ehea. Beides hilft uns im Moment noch nicht weiter.

Aber wir kennen nun bereits die folgenden Teile des Klartextes und des Schlüsselworts

```
inhu.........murder....aged...................
sent.........agentt....stop...................

wealthwhenthey.........ehea....
areimpregnated.........stop....
```

Wir fragen uns, welches mit t beginnende fünfbuchstabige Wort auf agent folgen, könnte. Es bietet sich die Lösung agent three an. Das zugehörige Schlüsselwort murdered an aged ist ebenfalls plausibel. Da es im Schlüsselwort um Mord geht erscheint inhuman als Beginn des Schlüsselworts sehr wahrscheinlich, was uns einen weiteren Teil des Klartextes liefert.

Die weiteren Schritte der Entschlüsselung kürzen wir ab und geben nur noch das Ergebnis an:

Sent bias tape by agent three. STOP. Complete instructions are impregnated on the strip. STOP. Karl

Das Schlüsselwort war:

Inhuman Orejons murdered an aged prospector but found no wealth when they embalmed the head for

3.13   Wir berechnen die Wahrscheinlichkeit, dass keine zwei Personen am selben Tag Geburtstag haben. Der erste kann an einem beliebigen Tag Geburtstag haben (Wahrscheinlichkeit $\frac{365}{365}$. Der zweite darf seinen Geburtstag an allen $364 = 365 - 1$ anderen Tagen haben (Wahrscheinlichkeit $\frac{364}{365}$) usw.. Für den 25-ten bleiben noch $341 = 365 - 24$ mögliche Geburtstage übrig. Insgesamt ergibt sich, dass die Wahrscheinlichkeit, dass keine zwei Personen am selben Tag Geburtstag haben

$$\frac{365}{365} \cdot \frac{364}{365} \cdot \ldots \cdot \frac{341}{365} \approx 0,43$$

ist.

Also ist die Wahrscheinlichkeit, dass mindestens zwei am selben Tag Geburtstag haben $\approx 0,57$.

Allgemein beträgt bei k Personen die Wahrscheinlichkeit, dass keine zwei am selben Tag Geburtstag haben

$$p_k = \prod_{i=1}^{k} \frac{365 - i + 1}{365} \, .$$

Wir können also sukzessiv alle p_k berechnen und das kleinste k bestimmen für, dass $p_k < 0.1$ ist. Dies ist bei $k = 41$ der Fall.

Anmerkung: Oft ist man an einer Abschätzung für p_k interessiert. Eine sehr einfache, aber trotzdem relativ gute Abschätzung liefert die Ungleichung zwischen dem arithmetischen und geometrischen Mittel

$$\sqrt{ab} \leq \frac{a+b}{2} \ .$$

Es folgt:

$$p_k \leq \left(\frac{356 - \frac{k-1}{2}}{356} \right)^k \ .$$

Für $k = 41$ liefert diese Abschätzung $p_k < 0.0992$ während der wahre Wert $p_k = 0.0968$ ist.

Aufgaben von Kapitel 4

4.1 Legt man alle drei Folien übereinander, so wird ein heller Punkt immer noch durch drei weiße und sechs schwarze Teilpunkte dargestellt. Bei einem dunklen Punkt sind jedoch alle neun Teilpunkte schwarz. Der Kontrast ist beim Übereinanderlegen aller drei Folien also $\frac{6}{9} = \frac{2}{3}$. Beim Übereinanderlegen von nur zwei Folien erhält man nur den Kontrast $\frac{1}{3}$.

4.2 Bevor man die entsprechenden Wahrscheinlichkeiten einfach in die Gleichung (2.3) einsetzt, was zu einer sehr aufwendigen Rechnung führt, sollte man noch einmal einen Blick auf Aufgabe 2.4 werfen. Die wechselseitige Information von zwei unabhängigen Zufallsvariablen ist 0. Wir müssen daher nur noch nachweisen, dass die gemeinsame Verteilung der Muster auf zwei der drei Folien vom codierten Bild unabhängig ist.

Dazu stellen wir eine Tabelle mit allen möglichen Musterkombinationen auf.

Ein heller Punkt kann auf die folgenden vier Arten codiert werden.

Auch für einen dunklen Punkt gibt es vier mögliche Codierungen.

Betrachten wir nun nur zwei Folien, so sehen wir, dass sowohl bei einem hellen als auch bei einem dunklen Punkt dieselben vier Muster auftreten, z.B. können auf den ersten beiden Folien unabhängig von der Farbe des codierten Punktes die Kombinationen

auftreten. Dies zeigt, dass die Färbung der Teilpunkte auf nur zwei Folien unabhängig von der Farbe des codierten Punktes ist. Nach Aufgabe 2.4 heißt dies, dass zwei Folien alleine keine Information über das geheime Bild liefern.

4.3 In Verfahren 4.4 müssen wir pro Punkt zwei Zufallsentscheidungen treffen. In einem ersten Schritt müssen wir uns zwischen ⊟ bzw. ⊟ auf der ersten Folie entscheiden. Dazu erzeugen wir eine Zufallszahl zwischen 1 und 2.

Auf der zweiten Folie müssen wir uns noch einmal zwischen ⊟ bzw. ⊟ entscheiden, was erneut eine Zufallszahl zwischen 1 und 2 erfordert.

Die beiden Zufallsentscheidungen können wir zusammenfassen, indem wir gleich eine Zufallszahl zwischen 1 und 4 erzeugen. Bei der ersten Folie entscheiden wir uns zwischen den zwei möglichen Kombinationen, je nachdem, ob die Zufallszahl gerade oder ungerade ist. Bei der zweiten Folie testen wir, ob die Zahl kleiner gleich 2 oder größer gleich 3 ist.

Die Zufälligkeit des speziellen Verfahrens ist also 4.

4.4 Wir betrachten ein beliebiges n-aus-n Schema. Auf jeder der n Folien müssen mindestens zwei verschiedene Teilpunktkombinationen möglich sein. Nur eine mögliche Teilpunktkombination hieße, dass die entsprechende Folie unabhängig von dem codierten Bild und damit praktisch überflüssig ist.

Betrachten wir nun nur die ersten $n-1$ Folien. Bei wenigstens zwei Teilpunktkombinationen pro Folie, gibt es auf diesen Folien zusammen mindestens 2^{n-1} verschiedene Teilpunktkombinationen. Wir werden zeigen, dass ein sicheres n-aus-n Schema sämtliche dieser 2^{n-1} Teilpunktkombinationen benutzen muss, d.h. es müssen mindestens 2^{n-1} verschiedene Entscheidungen möglich sein, was die gewünschte untere Schranke der Zufälligkeit liefert.

Nun nehmen wir an, dass ein Verfahren weniger als 2^{n-1} Teilpunktkombinationen benutzt. Dies bedeutet, dass es eine mögliche Kombinationen $K_1, \ldots, K_{n-1}$ geben muss, die die folgende Bedingung erfüllt: Es gibt ein j mit $1 \leq j \leq n-1$, sodass außer $K_1, \ldots, K_{n-1}$ keine Kombination $K_1, \ldots, K_{j-1}, K_j', K_{j+1}, \ldots, K_{n-1}$ möglich ist. Mit anderen Worten: Die Kombination auf der j-ten Folie ist bereits durch die Kombinationen auf den Folien mit den Nummern i mit $1 \leq i \leq n-1$ und $i \neq j$ eindeutig bestimmt. Dies wiederspricht jedoch der Annahme, dass es sich um ein n-aus-n Verfahren handelt. Denn die $n-1$ von j verschiedenen Teilnehmer können jetzt die Kombination auf der j-ten Folie rekonstruieren und danach das Bild entschlüsseln.

4.5 In Konstruktion 4.6 wird als erstes eine $(4n-1) \times (4n-1)$ Matrix konstruiert. Statt nun, wie im Text beschrieben, die $4n-1$ Teilpunkte zufällig durchzunummerieren wählen wir eine feste Nummerierung: Soll ein heller Punkt codiert werden, wählen wir eine zufällige Zeile j der $(4n-1) \times (4n-1)$ Matrix aus (Zufälligkeit $4n-1$) und färben auf jeder Folie die Teilpunkte i schwarz, für die der Eintrag in der i-ten Spalte und j-ten Zeile gleich 1 ist.

Bei einem dunklen Punkt wählen wir ein zufälliges k aus 1 bis $4n-1$ und ordnen die Färbung der Teilpunkte auf der ersten Folie gemäß der k-ten Zeile, die zweite Folie gemäß der $k+1$-ten Zeile usw.. Der i-te Punkt auf der j-ten Folie ist demnach genau dann schwarz, wenn in der i-ten Spalte und $[j + k \bmod (4n-1)]$-ten Zeile der Matrix eine 1 steht.

Auch in der modifizierten Form ist das Verfahren sicher, denn unabhängig von der Farbe des codierten Punktes stammt die Färbung der Teilpunkte auf einer einzelnen Folie von einer zufälligen Zeile der $(4n-1) \times (4n-1)$ Matrix.

4.6 Im Beweis von Satz 4.7 haben wir gezeigt, dass eine Antikette der Größe $\binom{n}{\lfloor n/2 \rfloor}$ nur Teilmengen der Größe $\lfloor n/2 \rfloor$ und $\lceil n/2 \rceil$ enthalten kann. Für n gerade bedeutet dies, alle Teilmengen müssen die Größe $n/2$ haben und es bleibt nichts zu zeigen.

Für n ungerade wäre es zunächst noch denkbar, dass eine maximale Antikette Teilmengen der Mächtigkeiten $\lfloor n/2 \rfloor$ und $\lceil n/2 \rceil$ enthalten kann. Wir zeigen nun, dass eine maximale Antikette die eine Teilmenge der Mächtigkeit $\lfloor n/2 \rfloor$ enthält auch alle anderen Teilmengen der Mächtigkeit $\lfloor n/2 \rfloor$ enthalten muss.

Die Teilmenge M mit $\lfloor n/2 \rfloor$ Elementen liege in der Antikette und es sei M' eine beliebige andere Teilmenge mit $\lfloor n/2 \rfloor$ Elementen. Wir betrachten eine Folge $M = M_1, M_2, \ldots, M_{k-1}, M_k = M'$ von Teilmengen der Mächtigkeit $\lfloor n/2 \rfloor$ bei der M_{i+1} aus M_i hervorgeht, in dem man nur ein Element ändert.

Angenommen M' wäre kein Element der Antikette, dann gäbe es einen Index i für den M_i in der Antikette liegt, aber M_{i+1} nicht. Nun ist $M_i \cup M_{i+1}$ jedoch eine Teilmenge der Mächtigkeit $\lfloor n/2 \rfloor + 1 = \lceil n/2 \rceil$. Wegen $M_i \subset M_i \cup M_{i+1}$ gehört diese Menge nicht zur Antikette. Im Beweis von Satz 4.7 haben wir jedoch gezeigt, dass jede Kette mit der Antikette eine Teilmenge der Mächtigkeit $\lfloor n/2 \rfloor$ und $\lceil n/2 \rceil$ enthalten muss. Eine Kette durch M_{i+1} und $M_i \cup M_{i+1}$ hat diese Eigenschaft jedoch nicht. Damit ist die Annahme, dass M' nicht in der Antikette liegt, zum Widerspruch geführt. Eine maximale Antikette, die eine Teilmenge der Mächtigkeit $\lfloor n/2 \rfloor$ enthält, muss auch alle anderen Teilmengen der Mächtigkeit $\lfloor n/2 \rfloor$ enthalten. Das heißt die einzigen maximalen Antiketten sind die Familien, die alle Teilmengen der Mächtigkeit $\lfloor n/2 \rfloor$ bzw. $\lceil n/2 \rceil$ enthalten.

4.7 Rekapitulieren wir noch einmal die Eigenschaften einer normierten Hadamard-Matrix. Eine normierte Hadamard-Matrix der Ordnung $4d$ enthält in der ersten Zeile nur Einsen. Die restlichen $4d-1$ Zeilen beginnen jeweils mit 1 und enthalten noch $2d-1$ weitere Einsen. Je zwei Zeilen stehen senkrecht aufeinander, d.h. es gibt genau d Spalten, in denen in beiden Zeilen eine 1 steht. Außer der ersten Spalte, die nur Einsen enthält, enthält jede Spalte genau $2d$ Einsen und $2d$ Nullen.

Im zweiten Schritt werden wir also die Hälfte alle Zeilen streichen. Aus der anfänglichen $(2n) \times (2n)$ Matrix ist dann eine $n \times (2n-2)$ Matrix geworden. Die verbleibenden n Zeilen enthalten jeweils $n-1$ Einsen und $n-1$ Nullen. Vor dem ersten Schritt gab es für je zwei Zeilen genau $n/2$ Spalten, in denen beide den Eintrag 1 enthielten. Das Streichen der ersten Spalte vermindert diese Anzahl um 1. Zwei Zeilen haben nun also in $n/2 - 1$ Spalten eine 1 gemeinsam.

Wir interpretieren diese $n \times (2n-2)$ Matrix nach Vorbild von Konstruktion 4.6 als Anweisung, wie ein dunkler Punkt eines 2-aus-n Schemas zu codieren ist. In einem solchen Schema werden also auf jeder Folie $n-1$ von $2n-2$ Teilpunkten schwarz gefärbt. Legt man zwei Folien übereinander, so erhält man entweder $n-1$ schwarze Teilpunkte, falls ein heller Punkt codiert werden soll oder $(n-1)+(n-1)-(n/2-1)$ schwarze Teilpunkte, falls ein dunkler Punkt codiert werden soll.

Der Kontrast des Verfahren ist also $\frac{n/2}{2n-2}$. Dies ist nach Satz 4.6 optimal.

Nutzen wir die Aufgabe nun z.B., um aus einer Hadamard-Matrix der Ordnung 8 ein kontrast-optimales 2-aus-4 Schema zu konstruieren. Wir beginnen mit der normierten 8×8 Hadamard-Matrix, die wir auch als Beispiel für das Verfahren 4.6 benutzt haben.

$$H = \begin{pmatrix} 1 & 1 & 1 & 1 & 1 & 1 & 1 & 1 \\ 1 & -1 & 1 & -1 & 1 & -1 & 1 & -1 \\ 1 & 1 & -1 & -1 & 1 & 1 & -1 & -1 \\ 1 & -1 & -1 & 1 & 1 & -1 & -1 & 1 \\ 1 & 1 & 1 & 1 & -1 & -1 & -1 & -1 \\ 1 & -1 & 1 & -1 & -1 & 1 & -1 & 1 \\ 1 & 1 & -1 & -1 & -1 & -1 & 1 & 1 \\ 1 & -1 & -1 & 1 & -1 & 1 & 1 & -1 \end{pmatrix}$$

Nach den ersten Schritt erhalten wir daraus die Matrix M_1:

$$M_1 = \begin{pmatrix} 1 & 1 & 1 & 1 & 1 & 1 & 1 \\ 0 & 1 & 0 & 1 & 0 & 1 & 0 \\ 1 & 0 & 0 & 1 & 1 & 0 & 0 \\ 0 & 0 & 1 & 1 & 0 & 0 & 1 \\ 1 & 1 & 1 & 0 & 0 & 0 & 0 \\ 0 & 1 & 0 & 0 & 1 & 0 & 1 \\ 1 & 0 & 0 & 0 & 0 & 1 & 1 \\ 0 & 0 & 1 & 0 & 1 & 1 & 0 \end{pmatrix} .$$

Im zweiten Schritt werden die Zeilen 1, 3, 5 und 7 sowie die erste Spalte gestrichen. Dies führt auf die Matrix M_2:

$$M_2 = \begin{pmatrix} 1 & 0 & 1 & 0 & 1 & 0 \\ 0 & 1 & 1 & 0 & 0 & 1 \\ 1 & 0 & 0 & 1 & 0 & 1 \\ 0 & 1 & 0 & 1 & 1 & 0 \end{pmatrix} .$$

Für ein kontrast-optimales 2-aus-4 Schema müssen wir also jeden Punkt in sechs Teilpunkte unterteilen. Soll ein heller Punkt codiert werden, so wählen wir zufällig drei der sechs Teilpunkte aus und färben sie auf allen Folien schwarz. Soll ein dunkler Punkt codiert werden, so nummerieren wir die sechs Teilpunkte zufällig durch und färben den Teilpunkt i der Folie j genau dann schwarz, falls M_2 in der i-ten Spalte und j-ten Zeile eine 1 enthält.

(Mit der Technik aus Aufgabe 4.5 kann man die Zufälligkeit dieses Schemas noch reduzieren.)

4.8 Wie in der vorangegangenen Aufgabe, so erreichen wir auch dieses Mal ausgehend von einer $(4d) \times (4d)$ Hadamard-Matrix nach dem zweiten Schritt eine $(2d) \times (4d - 2)$ Matrix. Aber jetzt enthält die erste Zeile nur Einsen und alle anderen Zeilen enthalten $2d - 2$ Einsen und $2d$ Nullen.

Die erste Zeile hat für die Kryptographie keine Bedeutung; wir streichen sie und erhalten eine $(2d - 1) \times (4d - 2)$ Matrix mit jeweils $2d - 2$ Einsen in einer Zeile und für je zwei Zeilen gibt es $d - 2$ Spalten, in denen beide eine Eins stehen haben.

Diese Matrix sagt uns, wie wir die schwarzen Teilpunkte bei einem 2-aus-$(2d - 1)$ Schema zu verteilen haben. Die Anzahl der Teilpunkte entspricht der Anzahl der Spalten, ist also $4d - 2$. Ein heller Punkt wird durch $2d - 2$ schwarze Teilpunkte repräsentiert (Anzahl der Einsen in einer Zeile.) Ein dunkler Punkt wird durch $2(2d - 2) - (d - 2) = 3d - 2$ schwarze Teilpunkte repräsentiert (Anzahl der Spalten in denen mindestens eine von zwei Zeile eine Eins enthält).

Der Kontrast dieses Schemas ist $\frac{d}{2d-2}$, also nach Satz 4.6 optimal. Für gerade d ist $2d - 1$ kongruent 3 modulo 4 und das hier konstruierte Schema unterscheidet sich von dem durch Konstruktion 4.6 gegebenen Schema nur dadurch, dass es die doppelte Anzahl von Teilpunkten benutzt. Für ungerade d jedoch ist das hier konstruierte Schema neu und in [6] wird bewiesen, dass in diesem Fall die Anzahl der Teilpunkte kleinstmöglich ist.

Auch für diese Konstruktion wollen wir ein konkretes Beispiel durchrechnen. Würden wir mit einer Matrix der Ordnung 8 starten, so bekämen wir nur ein 2-aus-3 Schema, das uns jedoch schon bekannt ist. Daher starten wir mit der folgenden Hadamard-Matrix der Ordnung 12. (Wie eine solche Matrix konstruiert wird, haben wir zwar nicht besprochen, aber dies ist für das folgende Beispiel auch nicht nötig. Siehe z.B. [36] für die Konstruktion dieser Hadamard-Matrix.) Es sei

$$H = \begin{pmatrix}
1 & 1 & 1 & 1 & 1 & 1 & 1 & 1 & 1 & 1 & 1 & 1 \\
1 & -1 & -1 & 1 & -1 & -1 & -1 & 1 & 1 & 1 & -1 & 1 \\
1 & 1 & -1 & -1 & 1 & -1 & -1 & -1 & 1 & 1 & 1 & -1 \\
1 & -1 & 1 & -1 & -1 & 1 & -1 & -1 & -1 & 1 & 1 & 1 \\
1 & 1 & -1 & 1 & -1 & -1 & 1 & -1 & -1 & -1 & 1 & 1 \\
1 & 1 & 1 & -1 & 1 & -1 & -1 & 1 & -1 & -1 & -1 & 1 \\
1 & 1 & 1 & 1 & -1 & 1 & -1 & -1 & 1 & -1 & -1 & -1 \\
1 & -1 & 1 & 1 & 1 & -1 & 1 & -1 & -1 & 1 & -1 & -1 \\
1 & -1 & -1 & 1 & 1 & 1 & -1 & 1 & -1 & -1 & 1 & -1 \\
1 & -1 & -1 & -1 & 1 & 1 & 1 & -1 & 1 & -1 & -1 & 1 \\
1 & 1 & -1 & -1 & -1 & 1 & 1 & 1 & -1 & 1 & -1 & -1 \\
1 & -1 & 1 & -1 & -1 & -1 & 1 & 1 & 1 & -1 & 1 & -1
\end{pmatrix}.$$

Nach dem zweiten Schritt haben wir die Matrix zu

$$M = \begin{pmatrix} 1\,1\,1\,1\,1\,1\,1\,1\,1\,1 \\ 0\,0\,1\,0\,0\,0\,1\,1\,1\,0 \\ 0\,1\,0\,0\,1\,0\,0\,0\,1\,1 \\ 1\,0\,1\,0\,0\,1\,0\,0\,0\,1 \\ 1\,1\,0\,1\,0\,0\,1\,0\,0\,0 \\ 0\,0\,0\,1\,1\,1\,0\,1\,0\,0 \end{pmatrix}$$

umgeformt. Die erste Zeile von M ist uninteressant, die anderen 5 Zeilen geben uns die Konstruktion eines 2-aus-5 Schemas zur visuellen Kryptographie an.

Bei einem hellen Punkt müssen wir also vier von zehn Teilpunkten zufällig auswählen und diese auf allen fünf Folien schwarz färben. Für einen dunklen Punkt nummerieren wir die zehn Teilpunkte zufällig durch und färben den i-ten Punkt auf der j-ten Folie schwarz, wenn in der i-ten Spalte und j-ten Zeile von M eine Eins steht.

4.9 Wir wiederholen noch einmal die Beschreibung des 2-aus-2 Schemas mit 10 Variablen und 7 Nebenbedingungen.

$$x^{(h)}_{\{1\}} + x^{(h)}_{\{1,2\}} = g_{\{1\}} \tag{7.1}$$

$$x^{(h)}_{\{2\}} + x^{(h)}_{\{1,2\}} = g_{\{2\}} \tag{7.2}$$

$$x^{(h)}_{\{1\}} + x^{(h)}_{\{2\}} + x^{(h)}_{\{1,2\}} = g^{(h)}_{\{1,2\}} \tag{7.3}$$

$$x^{(d)}_{\{1\}} + x^{(d)}_{\{1,2\}} = g_{\{1\}} \tag{7.4}$$

$$x^{(d)}_{\{2\}} + x^{(d)}_{\{1,2\}} = g_{\{2\}} \tag{7.5}$$

$$x^{(d)}_{\{1\}} + x^{(d)}_{\{2\}} + x^{(d)}_{\{1,2\}} = g^{(d)}_{\{1,2\}} \tag{7.6}$$

$$g^{(d)}_{\{1,2\}} \geq g^{(h)}_{\{1,2\}} + 1 \tag{7.7}$$

Alle Variablen sind ganzzahlig und nicht negativ. Wie wir bereits festgestellt haben sind die Variablen $g_{\{1\}}$, $g_{\{2\}}$, $g^{(h)}_{\{1,2\}}$ und $g^{(d)}_{\{1,2\}}$ automatisch ganzzahlig und nicht negativ, sobald die Variablen $x^{(h)}_{\{1\}}$, $x^{(h)}_{\{2\}}$, $x^{(h)}_{\{1,2\}}$, $x^{(d)}_{\{1\}}$, $x^{(d)}_{\{2\}}$ und $x^{(d)}_{\{1,2\}}$ dies sind. Wir brauchen daher keine Angst zu haben, Information zu verlieren, wenn wir die Variablen $g_{\{1\}}$, $g_{\{2\}}$, $g^{(h)}_{\{1,2\}}$ und $g^{(d)}_{\{1,2\}}$ aus den Nebenbedingungen entfernen.

Einsetzen von (7.3) und (7.6) in (7.7) liefert

$$x^{(d)}_{\{1\}} + x^{(d)}_{\{2\}} + x^{(d)}_{\{1,2\}} \geq x^{(h)}_{\{1\}} + x^{(h)}_{\{2\}} + x^{(h)}_{\{1,2\}} \; .$$

Die Gleichungen (7.1) und (7.4) zusammen liefern

$$x^{(h)}_{\{1\}} + x^{(h)}_{\{1,2\}} = x^{(d)}_{\{1\}} + x^{(d)}_{\{1,2\}} \; .$$

Ebenso lassen sich auch (7.2) und (7.5) kombinieren. Anstelle von $g_{\{1,2\}}^{(d)}$ werden wir $x_{\{1\}}^{(d)} + x_{\{2\}}^{(d)} + x_{\{1,2\}}^{(d)}$ minimieren, was nach (7.6) dasselbe ist. Das vereinfachte Optimierungsproblem hat dann nur noch 6 Variablen und 3 Nebenbedingungen und lautet:

$$\text{Minimiere: } x_{\{1\}}^{(d)} + x_{\{2\}}^{(d)} + x_{\{1,2\}}^{(d)} \text{ unter:}$$

$$x_{\{1\}}^{(h)} + x_{\{1,2\}}^{(h)} = x_{\{1\}}^{(d)} + x_{\{1,2\}}^{(d)} \, ,$$

$$x_{\{2\}}^{(h)} + x_{\{1,2\}}^{(h)} = x_{\{2\}}^{(d)} + x_{\{1,2\}}^{(d)} \, ,$$

$$x_{\{1\}}^{(h)} + x_{\{2\}}^{(h)} + x_{\{1,2\}}^{(h)} + 1 \leq x_{\{1\}}^{(d)} + x_{\{2\}}^{(d)} + x_{\{1,2\}}^{(d)} \, ,$$

wobei alle Variablen ganzzahlig und nicht negativ sein sollen. Beim Umformen auf Normalform wird für die letzte Ungleichung noch eine Schlupfvariable fällig.

Aufgaben von Kapitel 5

5.1 Wie wir in Abbildung 5.1 gesehen haben, kann man das Motiv eines Bildes selbst dann erkennen, wenn man nur die niederwertigsten Bits betrachtet. Punkte, die eine steganographische Information erhalten, haben ein scheinbar zufälliges niederwertigstes Bit.

Ersetzt man nun nur bei jedem zweiten Bildpunkt den wahren Wert durch eine steganographische Nachricht, so wird das Motiv nicht vollkommen zerstört, sondern nur stark verrauscht. Damit fällt die steganographische Nachricht beim visuellen Angriff weniger stark auf. Senkt man die Einbettungsrate noch weiter, indem man z.B. nur jeden zehnten Bildpunkt zum Einbetten der geheimen Nachricht benutzt, kann man das Rauschen so weit senken, dass der visuelle Angriff praktisch unmöglich ist.

Allerdings senken diese Maßnahmen die nutzbare Kapazität unseres Steganographiesystems und wir könnten wie am Ende von Abschnitt 5.2 unsere geheime Nachricht einfach verschlüsseln und ihre Existenz durch ständiges Senden verbergen.

5.2 Wir werden uns nicht auf Konstruktion 5.1, sondern auf die allgemeine Konstruktion 5.2 stützen.

Dabei werden die vier Teilpunkte in drei Klassen eingeteilt. Zwei der drei Klassen enthalten nur einen Teilpunkt und werden benötigt, um die Bilder auf den beiden einzelnen Folien zu codieren. Die dritte Klasse enthält zwei Teilpunkte und codiert ein 2-aus-2 Schema.

Die Unterteilung in die Klassen kann fest gewählt werden und in den beiden ersten Klassen brauchen wir keine Zufallswahl zu treffen. Das einzige Zufallselement kommt aus der Realisierung des 2-aus-2 Schemas. Wir wissen bereits, dass ein einfaches 2-aus-2 Schema mit der Zufälligkeit 2 realisiert werden kann (vgl. auch Aufgabe 4.4).

5.3 Die Gleichungen (5.2) bzw. (5.3), die die Anteile der schwarzen Teilpunkte in den einzelnen Bildern mit den Anteilen der schwarzen Teilpunkte auf den einzelnen Folien verknüpfen, bleiben unverändert.

Die Forderung, dass das Übereinanderlegen der Folien $i \in T$ bzw. $i \in T'$ dasselbe Bild ergeben muss, bedeutet lediglich, dass die entsprechenden Folienkombinationen entweder beide hell oder beide dunkel sind. Mit $\mathfrak{T}$ haben wir die Menge aller nicht leeren Teilmengen U von $\{1, ..., n\}$, sodass beim Übereinanderlegen der Folien mit Nummern $i \in U$ ein dunkler Bildpunkt rekonstruiert wird. Es gilt also

$$T \in \mathfrak{T} \iff T' \in \mathfrak{T}.$$

Diese Einschränkung an $\mathfrak{T}$ ist der einzige Unterschied zum allgemeinen System erweiterter visueller Kryptographie.

Die Rechnungen aus Abschnitt 5.3 bleiben unverändert. Im Fall $T = \{1, ..., n-1\}$ und $T' = \{1, ..., n-2, n\}$ bedeutet dies insbesondere, dass von den 16 Ungleichungen (5.6), nur die acht Ungleichungen bei denen entweder keine oder beide Mengen in $\mathfrak{T}$ liegen erhalten bleiben.

5.4 Betrachten Sie zunächst den Spezialfall $T = \{1, ..., n-1\}$ und $T' = \{1, ..., n-2, n\}$, den wir schon in Aufgabe 5.3 behandelt haben. Wir haben bereits gesehen, dass die Forderung, dass die Folienkombinationen T und T' dasselbe Bild zeigen, zur Folge hat, dass von den ursprünglich 16 Ungleichungen (5.6) nur acht Ungleichungen übrig bleiben.

In Abschnitt 5.3 haben wir durch „Erkennen nichtextremaler Variablen„ gesehen, dass von den 16 Ungleichungen (5.6) nur

$$0 \le -g^{(d)}_{\{1,...,n\}} + g^{(h)}_{\{1,...,n-1\}} + g^{(h)}_{\{1,...,n-2,n\}} - g^{(d)}_{\{1,...,n-2\}}$$

wirklich notwendig ist. Diese dominierende Ungleichung bleibt auch gültig, wenn man in Aufgabe 5.3 $T = \{1, ..., n-1\}$ und $T' = \{1, ..., n-2, n\}$ wählt. Für die Lösung des Optimierungsproblems spielt es selbstverständlich keine Rolle ob man durch „Erkennen nichtextremaler Variablen„ 15 oder 7 Ungleichungen einspart, so lange nur die dominierenden Ungleichungen unverändert bleiben.

Wir wissen, dass das Optimierungsproblem zur Beschreibung erweiterter visueller Kryptographie auf $2^n - 1$ dominierende Ungleichungen, die in 5.7 beschrieben sind, reduziert werden kann. In diesen Ungleichungen kommen für $|T| \equiv |T'| \mod 2$ entweder die Variablen $g^{(h)}_T$ und $g^{(h)}_{T'}$ oder $g^{(d)}_T$ und $g^{(d)}_{T'}$ vor. Gemischte Kombinationen wie $g^{(h)}_T$ und $g^{(d)}_{T'}$ kommen für $|T| \equiv |T'| \mod 2$ in keiner der dominierenden Ungleichungen vor, doch genau solche Variablenkombinationen werden durch die Bedingung „die Folienkombinationen T und T' zeigen das gleiche Bild" ausgeschlossen.

Die Einschränkung, dass die Folienkombinationen T und T' das gleiche Bild zeigen, liefert für $|T| \equiv |T'|$ mod 2 daher ein Optimierungsproblem, das dieselben $2^n - 1$ dominierenden Ungleichungen wie das Optimierungsproblem zur uneingeschränkt erweiterten visuellen Kryptographie enthält. Die Lösung bleibt daher unverändert und wird, wie in Abschnitt 5.3 erläutert, durch Konstruktion 5.2 angegeben.

Aufgaben von Kapitel 6

6.1 Man sieht die symmetrische Differenz zwischen dem Originalbild und dem gefälschten Bild. Im Beispiel sehen wir das folgende Bild:

Die Erklärung für dieses Verhalten ergibt sich aus der Konstruktion der Fälschung. Stimmen das Originalbild und die Fälschung überein, so muss Bob seine Folie an dieser Stelle nicht ändern, d.h. Bobs ursprüngliche Folie (Folie Nr. 5) und Bobs gefälschte Folie (Folie Nr. 12) weisen die gleiche Teilpunktkombination auf. Beim Übereinanderlegen sieht man drei schwarze Teilpunkte und sechs weiße Teilpunkte also einen hellen Punkt.

Unterscheidet sich das ursprüngliche Bild von der Fälschung, so muss sich auch Bobs ursprüngliche Folie von der gefälschten Folie unterscheiden. In diesem Fall sieht man also sechs schwarze und drei weiße Teilpunkte, d.h. einen dunklen Bildpunkt.

6.2 Wir müssen vier Fälle unterscheiden. Zwei mögliche Farben für das ursprüngliche Bild und jeweils zwei mögliche Farben auf der Fälschung.

Sind das ursprüngliche Bild und die Fälschung an einer Stelle weiß, so stimmen alle Kombinationen von Teilpunkten an dieser Stelle überein, d.h. beim Übereinanderlegen der Folien, sieht man einen hellen Punkt.

Sind das ursprüngliche Bild und die Fälschung an einer Stelle schwarz, so ändern Bob und Christine ihre Folien an dieser Stelle nicht. Das Übereinanderlegen von Bobs ursprünglicher Folie und Christines gefälschter Folie liefert genau wie das Übereinanderlegen von Bobs und Christines ursprünglichen Folien einen dunklen Punkt.

Ist das ursprüngliche Bild weiß und die Fälschung schwarz, so stimmt Bobs ursprüngliche Folie an dieser Stelle mit Alice' Folie überein. Aber Christine konstruiert ihrer Fälschung, sodass sie mit Alice' Folie nicht übereinstimmt. Man sieht daher beim Übereinanderlegen einen dunklen Bildpunkt.

Falls das ursprüngliche Bild schwarz und die Fälschung weiß ist, so stimmt Christines Fälschung mit Alice' Folie überein. Aber Bobs ursprüngliche Folie muss davon abweichen, d.h. wir sehen einen dunklen Punkt.

Zusammengefasst sehen wir ein Bild, das überall dort dunkel ist, wo das ursprüngliche Bild oder die Fälschung schwarz sein soll.

Im Beispiel der Folien 5 und 13 ist dies nicht besonders zu sehen, da das Fragezeichen fast vollständig innerhalb des Kopfes von Sherlock Holmes liegt. Daher folgt hier ein Beispiel mit anderen Bildern (links das ursprüngliche Bild und die Fälschung, rechts das Resultat beim Übereinanderlegen von Bobs ursprünglicher Folie und Christines gefälschter Folie).

6.3 Bob, Christine und Daniel können ihre Folien punktweise vergleichen. Zeigen diese dasselbe Muster von Teilpunkten, so wird ein heller Punkt codiert, d.h. Alice' Folie muss mit ihren übereinstimmen. Sind die Kombinationen auf ihren drei Folien verschieden, so wird ein dunkler Punkt codiert und Alice' Folie muss die vierte Kombination zeigen. Die drei Betrüger können also Alice' Folie eindeutig rekonstruieren. Danach können Sie ihre Folien passend ändern, sodass ein beliebiges Bild rekonstruiert wird.

Dieser Angriff funktioniert bei sämtlichen in Abschnitt 4.2 besprochenen 2-aus-n Verfahren.

6.4 Wenn Bob und Christine ihre Folien untersuchen, so können sie Folgendes feststellen: Wird auf ihren Folien die gleiche Kombination verwandt, so ist der codierte Punkt hell und Alice' (und auch Daniels) Folie muss mit ihren Folien übereinstimmen. Falls ein dunkler Punkt codiert wird zeigen ihre beiden Folien eine unterschiedliche Kombination. Die beiden wissen, dass sich Alice' Folie von ihren unterscheiden muss. Da es jedoch noch zwei weitere Kombinationen gibt, haben die beiden nur eine 50-prozentige Chance Alice' Folie richtig zu raten.

Mit dieser Aktion können die beiden sämtliche Bereiche von Alice' Folie, die hellen Punkten des Originalbildes entsprechen, rekonstruieren. Wenn Sie wollen, können sie ihre Folien so abändern, dass beim Rekonstruieren an diesen Stellen dunkle Punkte erscheinen. Die umgekehrte Änderung, dunkle Punkte des Originalbildes zu hellen Punkten der Fälschung, gelingt nur mit Wahrscheinlichkeit $\frac{1}{2}$.

Die Möglichkeiten zu einem Betrug sind also im Vergleich zur vorherigen Aufgabe zwar eingeschränkt, aber immer noch teilweise vorhanden. Wird die Variante aus Aufgabe 4.5 eingesetzt, die die Zufälligkeit des Verfahrens von

$24 = 4!$ auf 4 reduziert, so ist sogar die Rekonstruktion der gesamten Folie möglich.

6.5 Für einen erfolgreichen Störversuch muss der Störer die Position der vier geheimen Bilder innerhalb der Folie raten. Bei 16 möglichen Plätzen gibt es dafür $\binom{16}{4} = 1820$ Möglichkeiten. Die Störwahrscheinlichkeit ist also $\frac{1}{1820} \approx 0,55\%$.

6.6 Der Störer muss seine Folie an den Positionen der geheimen Bilder verändern, darf sie aber nicht an den Positionen der Kontrollbilder, mit denen sein Wohlverhalten überwacht wird, verändern. An den Positionen der Kontrollbilder für die beiden anderen Teilnehmer kann er seine Folien beliebig ändern oder auch nicht, ohne dass diese Änderung entdeckt wird. Der Störer hat somit zwei Möglichkeiten, er rät die Position der Kontrollbilder mit denen er überwacht wird und ändert alle anderen Teile oder er rät die Position der geheimen Bilder und ändert nur diese.

Bezeichnen wir mit x_{AB} die Anzahl der Positionen der Kontrollbilder für die Teilnehmer A und B und entsprechend mit x_{AC} und x_{BC} die Anzahl der Position für die Kontrollbilder für die beiden anderen Teilnehmerpaare. Es sei x die Anzahl der Positionen für das geheime Bild. Denn gilt

$$x_{AB} + x_{AC} + x_{BC} + x = 16 \ .$$

Die Betrugswahrscheinlichkeit für A ist $\binom{16}{x}^{-1}$ falls er versucht die Positionen der geheimen Bilder zu raten und $\binom{16}{x_{AB}+x_{AC}}^{-1}$ falls er versucht die Position der Kontrollbilder zu raten. A wählt natürlich die für ihn günstigste Variante und kommt auf die Betrugswahrscheinlichkeit

$$p_A = \max \left\{ \binom{16}{x}^{-1}, \binom{16}{x_{AB}+x_{AC}}^{-1} \right\} \ .$$

Entsprechend erhält man

$$p_B = \max \left\{ \binom{16}{x}^{-1}, \binom{16}{x_{AB}+x_{BC}}^{-1} \right\}$$

und

$$p_C = \max \left\{ \binom{16}{x}^{-1}, \binom{16}{x_{AC}+x_{BC}}^{-1} \right\} \ .$$

Um eine möglichst kleine Betrugswahrscheinlichkeit zu erreichen, muss man $x \approx x_{AB} + x_{AC} \approx x_{AB} + x_{BC} \approx x_{BC} + x_{AC}$ wählen. (Gleichheit wäre optimal ist aber nur erreichbar, wenn die Anzahl der Teilbilder durch 5 teilbar ist.)

Für den konkreten Fall mit 16 Teilbildern wählen wir $x = 7$, $x_{AB} = x_{AC} = x_{BC} = 3$ und erhalten

$$p_A = p_B = p_C = \binom{16}{6}^{-1} = \frac{1}{8008} \approx 0,12\% \,.$$

6.6 Nehmen wir einmal an, man würde in Konstruktion 6.1 bei dem 3-aus-3 Schema auf der ersten Folie immer senkrechte Streifen und auf der zweiten Folie immer waagerechte Streifen wählen. Wie sollte in diesem Fall das 2-aus-2 Schema für das Kontrollbild $A\&B$ aussehen?

Wählen wir senkrechte Streifen als Basismuster, so kann B seine Folie untersuchen. Er wird einen Teil mit waagerechten Streifen finden (das ist dann der Teil des 3-aus-3 Schemas) und einen Teil mit senkrechten Streifen, der für das Kontrollbild zuständig ist. Auf diese Weise erkennt B welche Teile der Folie welche Rolle übernehmen. Da er die Position des geheimen Bildes nun nicht mehr raten muss, kann er erfolgreich stören.

Umgekehrt ist die Störsicherheit gegenüber A nicht mehr gewährleistet, falls wir waagerechte Streifen für das Kontrollbild wählen.

Dadurch, dass wir in Konstruktion 6.1 jedoch die Ausrichtung der Muster auf allen Folien zufällig wählen, werden Angriffe dieser Art verhindert.

6.8 Wir benutzen Konstruktion 5.2 um einen Satz Folien zu konstruieren, bei dem sowohl beim Übereinanderlegen von je zwei Folien als auch beim Übereinanderlegen aller drei Folien ein Bild rekonstruiert wird. Dafür benötigen wir $3 \cdot 2^{2-1} + 2^{3-1} = 10$ Teilpunkte und der Kontrast wird daher auch nur $\frac{1}{10}$ sein. (Die Anzahl der Teilpunkte ist also ein wenig besser als bei Konstruktion 6.1, doch der Kontrast ist viel schlechter.)

Die Bilder, die durch das Übereinanderlegen von nur zwei Folien rekonstruiert werden, dienen zur Kontrolle und haben die Form $A\&B$, usw. Das eigentlich geheime Bild wird nur durch alle drei Folien rekonstruiert.

Wählt man in Konstruktion 5.2 die Teilpunkte, die den einzelnen Bildern zugeordnet werden zufällig aus, wird auf diese Weise ein Störversuch unmöglich, da jede Änderung an einer Folie auch die Kontrollbilder vernichten würde.

6.9 Die Konstruktion benutzt sechs verschiedene 2-aus-2 Schemata, wie sie auch in Konstruktion 6.1 vorkommen. Für jedes Paar von Teilnehmern werden zwei Teilgebiete der Folie ausgewählt. In einem Teilgebiet wird das geheime Bild und im anderen Teilgebiet ein Kontrollbild codiert.

Zwei Betrüger können nun ihre Folien übereinanderlegen und so das geheime Bild sowie das entsprechende Kontrollbild rekonstruieren. Sie wissen nun, dass der dritte Teilnehmer nur die anderen vier Bereiche benutzt. Sie wissen aber nicht, welche zwei Bereiche für das geheime Bild und welche für die Kontrollbilder reserviert sind.

Wollen also Bob und Christine, Bobs Folie so abändern, dass Alice ohne zu merken ein falsches Bild rekonstruiert, so müssen die beiden raten, an welcher Stelle das Kontrollbild $A\&B$ steht. Dies können sie jedoch nur mit der Wahrscheinlichkeit $\frac{1}{4}$.

Erhöht man, wie in Aufgabe 6.5 besprochen, die Anzahl der Kontrollbilder, so kann man die Betrugswahrscheinlichkeit beliebig klein machen.

Das Programm `2-aus-3-betrug` implementiert dieses Verfahren. In der Bedienung unterscheidet es sich nicht von dem im Text vorgestellten Programm `3-aus-3-stoer`.

Aufgaben von Kapitel 7

7.1 Das Problem ist, dass bei einem Quadrat der Flächeninhalt eines Sektors nicht proportional zum eingeschlossenen Winkel α, sondern proportional zu der Grundseite a ist.

Um dem Grauton g $(0 \leq g \leq 1)$ zu codieren, verdrehen wir die beiden Muster also wie folgt gegeneinander:

Beginnend mit einem Endpunkt der Schwarz-Weiß-Grenze auf der ersten Folie messen wir eine Stecke der Länge $a = \frac{1}{2}gU$ auf dem Umfang des Quadrates ab. (Dabei ist U der Umfang des Quadrats.) Die Verbindungsgerade zwischen dem so bestimmtem Punkt und dem Mittelpunkt des Quadrats bildet die Schwarz-Weiß-Grenze auf der zweiten Folie.

 a a

7.2 Angenommen wir würden auf der ersten Folie das Muster, so wie in der Aufgabe beschrieben, durch eine zufällige Wahl des Winkels α bestimmen.

Dann würde die Grenze des schwarzen Bereichs sich wie in der folgenden Abbildung angegeben auf die verschiedenen Abschnitte des Quadrates verteilen.

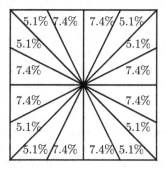

Die 16 Sektoren sind also nicht gleichwahrscheinlich, obwohl sie jeweils die gleiche Fläche haben. Dies ist eine Schwäche, die ein Angreifer ausnutzen kann. Da das Muster auf der zweiten Folie gegenüber dem auf der ersten Folie verdreht ist, verändert sich die Wahrscheinlichkeit für den Grenzverlauf auf der zweiten Folie je nach dem codierten Grauwert.

Nehmen wir vereinfachend an, dass nur neun mögliche Grauwerte codiert werden sollen (Schwarzanteile jeweils 0, 0.125, 0.25, ..., 0.0.875, 1). In der folgenden Abbildung sind für jeden möglichen Grauwert die Sektoren in denen die Grenze auf der zweiten Folie mit der (hohen) Wahrscheinlichkeit von je 7.4% liegt grau hervorgehoben. Die weißen Sektoren enthalten die Grenze nur mit einer Wahrscheinlichkeit von 5.1%.

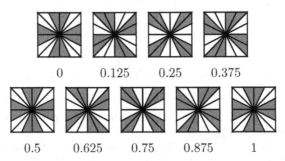

Wie man sieht, hängt die Wahrscheinlichkeitsverteilung von dem codierten Grauwert ab.

Ein Angriff läuft nun wie folgt ab. Wir betrachten ein Gebiet von dem wir wissen (oder annehmen), dass es in einem einheitlichen Grauton gefärbt ist. Wir zählen wie oft die Grenze (auf der zweiten Folie) in die verschiedenen Sektoren fällt. Daraus gewinnen wir eine a posteriori Verteilung für den Grenzverlauf. Die a posteriori Verteilung vergleichen wir mit den bekannten a priori Verteilungen für den Grenzenverlauf und bestimmen die a priori Verteilung die am besten zur a posteriori Verteilung passt. Die dafür notwendigen statistischen Verfahren (Maximum-Likelihood-Methode) sind wohl bekannt. Dies liefert uns eine Schätzung für den verwendeten Grauwert, wobei wir jedoch Graustufen, die sich um genau 0.5 unterscheiden, mit unserem Verfahren nicht unterscheiden können. Auf diese Weise kann das codierte Bild fast vollständig rekonstruiert werden.

Bei einem sicheren System darf die Wahrscheinlichkeit, dass die Grenze in einen Sektor fällt, nur von der Fläche des Sektors abhängen. Wir erreichen dies, indem wir den Grenzverlauf auf der ersten Folie wie folgt bestimmen.

Wir wählen auf dem Umfang des Quadrates einen zufälligen Punkt P. Dies tun wir, indem wir eine Zufallszahl x gleichverteilt zwischen 0 und dem Umfang U des Quadrats erzeugen und ausgehend von einer festen Ecke eine Länge von x entgegen dem Uhrzeigersinn abmessen. Nun ziehen wir die Gerade durch P und den Mittelpunkt des Quadrats und färben den Bereich auf einer Seite dieser Geraden schwarz. Dieses Vorgehen garantiert, dass gleichgroße Sektoren mit der gleichen Wahrscheinlichkeit die Grenze enthalten. Dies verhindert den oben beschriebenen Angriff. Man kann auch formal zeigen, dass in diesem Fall keine Folie eine Information über das geheime Bild liefert.

Das Programm `vis-crypt-graub` ist eine Variante von dem Programm `vis-crypt-grau`, dass die hier besprochene Variante umsetzt.

7.3 In den folgenden drei Zeichnungen ist je eine dieser Mittelsenkrechten dargestellt. Während in (a) die Mittelsenkrechte in der Taxigeometrie, der aus der euklidischen Geometrie bekannten Mittelsenkrechten noch sehr ähnlich sieht, ist der Fall (b) schon etwas ungewöhnlicher. In (c) umfasst die Mittelsenkrechte zwei komplette Quadraten.

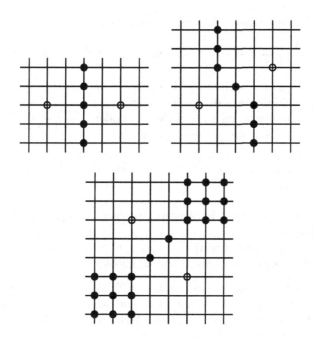

7.4 Für jede mögliche Wahl der Werte $x_i = x_i^+ - x_i^-$ mit $x_i^+ \geq 0$ und $x_i^- \geq 0$ gilt

$$|x_i| \leq x_i^+ + x_i^- \ .$$

Gleichheit wird immer dann erreicht, wenn $x_i^+ = 0$ oder $x_i^- = 0$ gilt.

Ersetzt man also in einem Optimierungsproblem

$$\text{Minimiere:} \quad A = \sum_i |x_i|$$

durch

$$\text{Minimiere:} \quad A' = \sum_i x_i^+ + x_i^-$$

so gilt für jede Wahl der Variablen $A \leq A'$. Andererseits kann man für jede Wahl der x_i Werte für die Variablen x_i^+ und x_i^- bestimmen, sodass $A = A'$ gilt.

Daher wird das Minimum für A' bei der gleichen Variablenbelegung wie das Minimum für A erreicht. Die Probleme (Minimiere A) und (Minimiere A') sind somit gleichwertig. Allerdings ist die Zielfunktion des zweiten Problems linear und die des ersten nicht.

7.5 Wenn wir $\bar{A}$ unter den Nebenbedingungen

$$|r_{F_i} - r'_{F_i}| + |g_{F_i} - g'_{F_i}| + |b_{F_i} - b'_{F_i}| \leq \bar{A}$$

mit $1 \leq i \leq k$ minimieren, erhalten wir die Lösung

$$\bar{A} = \max_{1 \leq i \leq k} \left\{ |r_{F_i} - r'_{F_i}| + |g_{F_i} - g'_{F_i}| + |b_{F_i} - b'_{F_i}| \right\} .$$

Das einzige was wir noch tun müssen, um ein lineares Problem zu erhalten, ist die Betragsfunktion aus den Nebenbedingungen zu eliminieren. Hier hilft wieder die Beobachtung, dass r_{F_i} entweder 0 oder 1 ist und die Variable r'_{F_i} nur Werte in $[0,1]$ annehmen kann. Daher gilt

$$|r_{F_i} - r'_{F_i}| = \begin{cases} r'_{F_i} & \text{falls } r_{F_i} = 0 \\ 1 - r'_{F_i} & \text{falls } r_{F_i} = 1 \end{cases}$$

Wir können daher, wie auch im Ausgangsproblem, komplett auf die Betragsfunktion verzichten.

Alternativ würde auch der Trick aus Aufgabe 7.4 helfen, die Betragsfunktion aus dem Optimierungsproblem zu eliminieren.

7.6 Bei einem Verfahren zur Codierung von Schwarz-Weiß-Bildern sei s_1 der Schwarzanteil auf der ersten Folie und s_2 der Schwarzanteil auf der zweiten Folie. Beim Übereinanderlegen der beiden Folien wäre der Schwarzanteil dann mindestens $\max\{s_1, s_2\}$ und höchstens $\min\{s_1 + s_2, 1\}$.

Wählen wir $s_1 = s_2 = \frac{1}{3}$ so erhalten wir, dass wir einen hellen Bildpunkt mit einem Schwarzanteil von $\frac{1}{3}$ und einen dunklen Bildpunkt mit einem Schwarzanteil von $\frac{2}{3}$ codieren können. Dieses Schema ist im Sinne von Aufgabe 7.5 optimal.

Das neue Schema basiert auf den folgenden Gleichungen.

Heller Bildpunkt

Dunkler Bildpunkt

Es unterscheidet sich von dem klassischen Schwarz-Weiß-Schema nur dadurch, dass von vornherein ein Drittel der Folien ungenutzt bleibt. Das Einfügen von ungenutzten Teilpunkten kann ein Bild jedoch nie verbessern, d.h. das Kriterium aus Aufgabe 7.5 liefert schon in diesem einfachen Fall ein Verfahren, das nicht unserem Verständnis von optimal entspricht.

7.7 Das alternative Codierverfahren beruht auf der folgenden Darstellung der vier Farben Weiß, Rot, Grün und Blau. (Aus technischen Gründen ist Abbildung schwarz-weiß. Die Farben werden durch Schraffuren sowie durch die Buchstaben R, G, B angedeutet.)

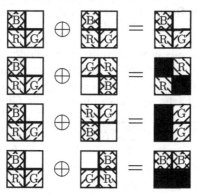

Man erkennt, dass die Farben Rot, Grün und Blau genau so dargestellt werden wie bei dem Verfahren, dass die Teilpunkte in Cyan, Magenta, Gelb und Schwarz färbt. Die Abweichung der gewünschten Farbe ist hier je $\frac{1}{2}$. (Zum Beispiel wird Rot durch den RGB Wert $(\frac{1}{2}, 0, 0)$ dargestellt, $(1, 0, 0)$ wäre perfekt.)

Ein weißer Bildpunkt wird zwar in beiden Verfahren unterschiedlich codiert, doch der RGB-Wert ist beide Male $(\frac{1}{2}, \frac{1}{2}, \frac{1}{2})$. (Bei dem Verfahren mit Teilpunkten in Cyan, Magenta, Gelb und Schwarz wird das Schwarz durch die helleren Farbtöne ausgeglichen.)

Das Programm `vis-crypt-farbe2b` ist eine Variante des Programms `vis-crypt-farbe2`, dass das Verfahren aus dieser Übung zur Codierung benutzt.

7.8 Zunächst überlegen wir welche Bedingungen sowohl von einem 3-aus-3 als auch von einem 2-aus-3 System erfüllt werden müssen.

Alle Variablen $x^{(F_i)}_{f_1, f_2, f_3}$ liegen im Intervall $[0, 1]$ und es gilt für jede codierte Farbe F_i:

$$\sum_{f_1} \sum_{f_2} \sum_{f_3} x^{(F_i)}_{f_1, f_2, f_3} = 1 \ .$$

Diese Bedingungen drücken lediglich aus, dass die Variablen $x^{(F_i)}_{f_1, f_2, f_3}$ den Anteil der Farbkombination (f_1, f_2, f_3) beschreiben.

Außerdem darf der Anteil einer Farbe auf einer einzelnen Folie nicht von dem codierten Bild abhängen. Es gilt also

$$\sum_{f_2}\sum_{f_3} x^{(F_i)}_{f_1,f_2,f_2} = x^{(1)}_{f_1}$$

$$\sum_{f_1}\sum_{f_3} x^{(F_i)}_{f_1,f_2,f_2} = x^{(2)}_{f_2}$$

$$\sum_{f_1}\sum_{f_2} x^{(F_i)}_{f_1,f_2,f_2} = x^{(3)}_{f_3}$$

Damit hätten wir alle allgemeinen Bedingungen beisammen und können uns nun den speziellen Bedingungen für ein 3-aus-3 bzw. ein 2-aus-3 System widmen.

(a) Damit bei einem 3-aus-3 Schema die beiden ersten Teilnehmer keine Information über die codierte Farbe erhalten, muss für jede mögliche Farbkombination (f_1, f_2) auf den beiden ersten Folien der Anteil unabhängig von der codierten Farbe sein. Dies führt auf die Gleichung:

$$\sum_{f_3} x^{(F_1)}_{f_1,f_2,f_3} = \sum_{f_3} x^{(F_2)}_{f_1,f_2,f_3} = \ldots = \sum_{f_3} x^{(F_k)}_{f_1,f_2,f_3}$$

für alle Farben f_1 und f_2.
Entsprechend muss für alle Farben f_1 und f_3

$$\sum_{f_2} x^{(F_1)}_{f_1,f_2,f_3} = \sum_{f_2} x^{(F_2)}_{f_1,f_2,f_3} = \ldots = \sum_{f_2} x^{(F_k)}_{f_1,f_2,f_3}$$

gelten, damit die Besitzer der Folien 1 und 3 keine Information über die codierte Farbe erlangen.
Die Bedingung

$$\sum_{f_1} x^{(F_1)}_{f_1,f_2,f_3} = \sum_{f_1} x^{(F_2)}_{f_1,f_2,f_3} = \ldots = \sum_{f_1} x^{(F_k)}_{f_1,f_2,f_3}$$

für alle Farben f_2 und f_3, beschreibt die Sicherheit gegenüber den Besitzern der Folien 2 und 3.
Wir müssen nun noch bestimmen wie hoch die Rot-, Grün- und Blauanteile der rekonstruierten Farben sind. Da sich die Farben auf übereinanderliegenden Folien subtraktiv mischen liefern nur diejenigen Teilpunkte einen Beitrag zum Rotanteil, bei denen auf den drei Folien nur die Farben Weiß, Rot, Magenta und Gelb verwandt wurden.
Also gilt

$$r'_{F_i} = \sum_{f_1\in\{w,r,m,y\}} \sum_{f_2\in\{w,r,m,y\}} \sum_{f_3\in\{w,r,m,y\}} x^{(F_i)}_{f_1,f_2,f_3}$$

Es gibt also $4^3 = 64$ Farbkombinationen, die einen Beitrag zum Rotanteil liefern.

Entsprechend liefern nur die Teilpunkte, bei denen nur Weiß, Grün, Cyan und Gelb benutzt wurden, einen Beitrag zum Grünanteil, d.h.

$$g'_{F_i} = \sum_{f_1 \in \{w,g,c,y\}} \sum_{f_2 \in \{w,g,c,y\}} \sum_{f_3 \in \{w,g,c,y\}} x^{(F_i)}_{f_1,f_2,f_3} \ .$$

Der Blauanteil kommt von den Teilpunkten, bei denen nur Weiß, Blau, Cyan und Magenta benutzt wurde.

$$b'_{F_i} = \sum_{f_1 \in \{w,b,c,m\}} \sum_{f_2 \in \{w,b,c,m\}} \sum_{f_3 \in \{w,b,c,m\}} x^{(F_i)}_{f_1,f_2,f_3}$$

Nun können wir analog zu dem Schema mit 2 Folien aus Abschnitt 7.3 die Abweichung des codierten Bildes zum Sollwert durch

$$A = \sum_{i=1}^{k} |r_{F_i} - r'_{F_i}| + |g_{F_i} - g'_{F_i}| + |b_{F_i} - b'_{F_i}|$$

berechnen. Da die Variablen r'_{F_i}, g'_{F_i} und b'_{F_i} jeweils in $[0,1]$ liegen und die Parameter b_{F_i}, g_{F_i}, b_{F_i} nur 0 oder 1 sein können, können wir wie auch in Abschnitt 7.3 die Betragsfunktion bei der Berechnung von A vermeiden. Das Problem „Minimiere A unter den oben angegebenen Nebenbedingungen" ist also ein lineares Optimierungsproblem.

(b) Legen wir nur die Folien 1 und 2 übereinander, so liefern alle Teilpunkte für die auf diesen beiden Folien nur Weiß, Rot, Magenta oder Gelb benutzt wurde, einen Beitrag zum Rotanteil. Die Farbe auf der dritten Folie spielt keine Rolle. Daher gilt für den Rotanteil $r'_{F_i,\{1,2\}}$ bei Rekonstruktion der Farbe F_i mit den Folien 1 und 2:

$$r'_{F_i,\{1,2\}} = \sum_{f_1 \in \{w,r,m,y\}} \sum_{f_2 \in \{w,r,m,y\}} \sum_{f_3 \in \{w,r,,g,b,c,m,y,k\}} x^{(F_i)}_{f_1,f_2,f_3}$$

Es gibt also $4^2 \cdot 8 = 128$ Farbkombinationen, die einen Beitrag zu diesem Rotanteil liefern.

Entsprechend kann man auch die Blau- und Grünanteile $b'_{F_i,\{1,2\}}$, $g'_{F_i,\{1,2\}}$ sowie die Farbanteile beim Übereinanderlegen der Folien 1 und 3 bzw. 2 und 3 berechnen.

Die Abweichung $A_{\{1,2\}}$ der rekonstruierten Farben von den gewünschten Farben beim Übereinanderlegen der Folien 1 und 2 ist

$$A_{\{1,2\}} = \sum_{i=1}^{k} |r_{F_i} - r'_{F_i,\{1,2\}}| + |g_{F_i} - g'_{F_i,\{1,2\}}| + |b_{F_i} - b'_{F_i,\{1,2\}}| \ .$$

Genauso kann man auch die Abweichung $A_{\{1,3\}}$ für die Folien 1 und 3 sowie $A_{\{2,3\}}$ für die Folien 2 und 3 berechnen. Wie schon in Abschnitt 7.3

und Teil (a) dieser Aufgabe können wir die Abweichungen $A_{\{1,2\}}$, $A_{\{1,3\}}$ und $A_{\{2,3\}}$ ohne Hilfe der Betragsfunktion, d.h. als lineare Terme schreiben.

Unser Ziel ist $\max\{A_{\{1,2\}}, A_{\{1,3\}}, A_{\{2,3\}}\}$ zu minimieren. Dies ist zunächst ein nichtlineares Problem. Doch mit dem Trick aus Aufgabe 7.5 können wir dies in ein lineares Problem umformen. Dazu führen wir eine zusätzliche Variable A und die Bedingungen

$$A_{\{1,2\}} \leq A \ , \ A_{\{1,3\}} \leq A \ , \ A_{\{2,3\}} \leq A$$

ein. Die Aufgabe „minimiere A" ist dann äquivalent zu „minimiere $\max\{A_{\{1,2\}}, A_{\{1,3\}}, A_{\{2,3\}}\}$".

Die in dieser Aufgabe entwickelten Techniken können natürlich auf mehr als drei Folien und beliebige Mengen von qualifizierten Teilnehmerkoalitionen ausgedehnt werden.

Materialien zum Buch

Der sprunghaften Entwicklung von schnellen Internetverbindungen folgend, haben wir darauf verzichtet, diesem Buch eine CD mit den Folien, Programmen und Beispielmaterial beizulegen. Stattdessen finden Sie dieses auf der Internetseite `http://cage.ugent.be/~klein/vis-crypt/buch/` zusammengestellt. Die folgende Tabelle gibt ihnen einen Überblick über die vorhandenen Materialien.

Programm	Was kann ich damit machen?	Seite im Buch	Beispielmaterialien
`vis-crypt`	Erzeugen von s/w Folien zur visuellen Kryptographie	7, 8	Folien 1 und 2
`vis-crypt`, `analyse`	Angriff testen	35	rauschen035.png
`vis-crypt`	Angriff bei mehrfacher Verschlüsselung	41, 42	Folien 1, 2 und 3
	Übungen zu den besprochenen Angriffen	49	`geheim1.png`, `geheim2.png`, `geheim3.png`, `geheim4.png`, `sehrgeheim1.png`, `sehrgeheim2.png`
`2-aus-3`	Satz von drei Folien erstellen, bei dem je zwei das geheime Bild ergeben	51, 53	Folien 4, 5 und 6

Programm	Was kann ich damit machen?	Seite im Buch	Beispielmaterialien
2-aus-3	Satz von drei Folien erstellen, die zusammen das geheime Bild ergeben	52,53	Folien 7, 8 und 9
2-aus-n	Erstellung von 2-aus-n Schemata	79	H4.txt, H8.txt, usw.
mplsol, zimpl	Programme zur linearen Optimierung, die von optimize und optimize2 benutzt werden	82,87	
optimize, optimize2	Erzeugen optimaler visueller Kryptographie-Schemata mit beliebigen qualifizierten Teilnehmerkoalitionen	87, 88	
stego	Ein sehr einfaches Steganographieprogramm	93	
stego-vA	Testen des visuellen Angriffs	94	
2-ext	Erzeugen von Folien zur erweiterten visuellen Kryptographie	95,96	Folien 10 und 11
betrueger	Bei dem von 2-aus-3 erzeugten Folien betrügen	109,110	Folien 4, 5 ,6, 12 und 13
3-aus-3-stoer	Störsicheres 3-aus-3 Schema zur visuellen Kryptographie	115	
2-aus-3-betrug	Betrugsicheres 2-aus-3 Schema zur visuellen Kryptographie	116, 159	

Programm	Was kann ich damit machen?	Seite im Buch	Beispielmaterialien
`vis-crypt-grau`	Codierung von Bildern mit Graustufen	119	
`vis-crypt-farbe`	Codierung von Bildern in den Farben weiß, rot, cyan, schwarz	123	
`vis-crypt-farbe2`	Codierung von Bildern in den Farben weiß, rot, grün, blau	129, 130	Folien 14 und 15
`vis-crypt-farbe3`	Codierung von Bildern in den acht Grundfarben	130	
`vis-crypt-graub`	Variante des Programms `vis-crypt-grau`, die in Aufgabe 7.2 erarbeitet wird	131, 161	
`vis-crypt-farbe2b`	Variante des Programms `vis-crypt-farbe2`, die in Aufgabe 7.7 erarbeitet wird	132, 164	

Literaturverzeichnis

1. M. Aigner und G. M. Ziegler. *Proofs from THE BOOK.* Springer, 1998. Auf Deutsch erschienen unter: Das BUCH der Beweise.
2. E. Barkan, E. Biham und N. Keller. Instant ciphertext-only cryptanalysis of gsm encrypted communication. In *Proceedings of Crypto 2003*, Band 2729 von *Lect. Notes Comput. Sci.*, 600–616. Springer, Berlin, 2003.
3. F. L. Bauer und G. Goos. *Informatik, Erster Teil.* Springer, 1973.
4. A. Beutelspacher. *Krytpologie.* Vieweg, 1987.
5. A. Biryukov, A. Shamir und D. Wagner. Real time cryptanalysis of a5/1 on a pc. In *FSE 2000*, Band 1978 von *Lect. Notes Comput. Sci.*, 1–18. Springer, Berlin, 2001.
6. Carlo Blundo, Alfredo De Santis und Douglas R. Stinson. On the contrast in visual cryptography schemes. *J. Cryptology*, 12(4):261–289, 1999.
7. A. De Bonis und A. De Santies. Randomness in secret sharing and visual cryptography schemes. *Theoretical Computer Science*, 314(3):351–374, 2004.
8. R. Craigen. Hadamard Matrices and Designs. In J. H. Dinitz C. J. Colbourn, Herausgeber, *Handbook of Combinatorial Designs*, Band 4 von *Discrete Mathematics and Its Applications*, chapter 4.24. CRC Press, 1996.
9. S. Droste. New results in visual cryptography. In *Advances in cryptology – CRYPTO '96*, Band 1109 von *Lect. Notes Comput. Sci.*, 401–415. Springer, Berlin, 1996.
10. W.F. Friedman. *Methods for the Solution of Running-Key Ciphers.* Riverbank Publication, 1918.
11. A. M. Frieze, J. Hastad, R. Kannan, J. C. Lagarias und A. Shamir. Reconstructing truncated integer variables satisfying linear congruences. *SIAM Journal on Computing*, 17(2):262–280, 1988.
12. W. Fumy und H. P. Rieß. *Kryptographie: Entwurf, Einsatz und Analyse symmetrischer Kryptoverfahren.* Oldenbourg, 2. Auflage, 1994.
13. H. F. Gaines. *Cryptanalysis.* Dover Publications, INC, 1956.
14. G. Horng, T. Chen und D.-S. Tsai. Cheating in visual cryptography. *Des. Codes Cryptogr.*, 38(2):219–236, 2006.
15. E. Isaacson und H. B. Keller. *Anaysis of Numerical Methods.* J. Wiley and Sons, New York, London, Sydney, 1969.
16. K. Jacobs und D. Jungnickel. *Einführung in die Kombinatorik.* de Gruyter, 2004.

17. D. Jungnickel. *Codierungstheorie*. Spektrum Akademischer Verlag, 1995.

18. D. Kahn. *The Codebreakers*. MacMillan, New York, 1967.

19. A. Klein und K. Metsch. On approximate inclusion exclusion. Zur Veröffentlichung eingereicht.

20. A. Klein und M. Wessler. Extended visual cryptography schemes. *Information and Computation*, Im Druck.

21. D. E. Knuth. *The Art of Computer Programming*, Band 2, Kapitel 3: Random Numbers. Addision-Wesley, 3. Auflage, 1998.

22. D. H. Lehmer. Mathematical methods in large-scale computing units. In *Proceedings of a Second Symposium on Large-Scale Digital Calculating Machinery, 1949*, 141–146. Harvard University Press, Cambridge, Mass., 1951.

23. N. Linial und N. Nisan. Approximate Inclusion-Exclusion. *Combinatorica*, 10(4):349–365, 1990.

24. D.G. Luenberger. *Introduction to linear and nonlinear programming*. Addison-Wesley, 1973.

25. R. Mathar. *Informationstheorie*. Teubner Studienbücher, Stuttgart, 1996.

26. Moni Naor und Adi Shamir. Visual cryptography. In Alfredo De Santis, Herausgeber, *Advances in cryptology - EUROCRYPT '94*, Band 950 von *Lect. Notes Comput. Sci.*, 1–12. Springer-Verlag, 1995.

27. G. Perec. *La disparition*. Édition Denoël, Paris, 1969. Deutsche Übersetzung von E. Helmlé unter dem Titel "Anton Voyls Fortgang".

28. M. Plotkin. Binary codes with specified minimum distances. *IEEE Trans. Inf. Theoy*, IT-6:445–450, 1960.

29. C. Roos, T. Terlaky und J.-P. Vial. *Interior point methods for linear optimization*. Springer, 2. Auflage, 2006.

30. B. Schneier. *Applied cryptography : protocols, algorithms, and source code in C*. Wiley, 2. Auflage, 1996.

31. U. Schöning. *Theoretische Informatik*. Spektrum Akademischer Verlag, 4. Auflage, 2001.

32. C. E. Shannon. A mathematical theory of communication. *Bell System Technical Journal*, 27:379–423 und 623–658, 1948. Nachgedruckt in D. Slepian, Herausgeber, Key Papers in the Development of Information Theory, New York: IEEE Press, 1974, Online: `http://cm.bell-labs.com/cm/ms/what/shannonday/paper.html`.

33. C. E. Shannon. Communication in the presence of noise. *Proceedings of the IRE*, 37(1):10–21, 1949. Nachgedruckt in Proceeding of the IEEE, 86 (2), 1998, online: `http://www.stanford.edu/class/ee104/shannonpaper.pdf`.

34. C. E. Shannon. Communication theory of secrecy systems. *Bell System Technical Journal*, 28(4):656–715, 1949. Online: `http://www.cs.ucla.edu/~jkong/research/security/shannon.html`.

35. N. J. A. Sloane. A Library of Hadamard Matrices. `http://www.research.att.com/~njas/hadamard/`.

36. J.H. van Lint. *A Course in Combinatorics*, chapter 18 Hadamard matrices Reed-Muller codes. Cambridge University Press, 2. Auflage , 2001.

37. E. W. Weinstein. Hadamard matrix. From MathWorld–A Wolfram Web Resource.

38. Andreas Westfeld und Andreas Pfitzmann. Attacks on steganographic systems. In Andreas Pfitzmann, Herausgeber, *Information Hiding*, Band 1768 von *Lecture Notes in Computer Science*, 61–76. Springer, 1999.

Sachverzeichnis